2018
水文发展年度报告

2018 Annual Report of Hydrological Development

水利部水文司　编著

中国水利水电出版社
www.waterpub.com.cn

·北京·

内 容 提 要

本书通过系统整理和记述 2018 年全国水文改革发展的成就和经验，全面阐述了水文综合管理、规划与建设、水文站网、水文监测、水情气象服务、水资源监测与评价、水质监测与评价、科技教育等方面的情况和进程，通过大量的数据和有代表性的实例客观地反映了水文工作在经济社会发展中的作用。

本书具有较强的专业性和实用性，可供从事水文行业管理和业务技术人员使用，也可供水文水资源相关专业的高年级本科生以上或从事相关领域的业务管理人员阅读参考。

图书在版编目（ＣＩＰ）数据

2018 水文发展年度报告 / 水利部水文司编著 . -- 北京：中国水利水电出版社，2019.8
ISBN 978-7-5170-7942-2

Ⅰ . ① 2… Ⅱ . ①水… Ⅲ . ①水文工作－研究报告－中国－ 2018 Ⅳ . ① P337.2

中国版本图书馆 CIP 数据核字（2019）第 185145 号

书　　名	**2018 水文发展年度报告** 2018 SHUIWEN FAZHAN NIANDU BAOGAO
作　　者	水利部水文司 编著
出版发行	中国水利水电出版社 （北京市海淀区玉渊潭南路 1 号 D 座　100038） 网址：www.waterpub.com.cn E-mail：sales@waterpub.com.cn 电话：(010) 68367658（营销中心）
经　　售	北京科水图书销售中心（零售） 电话：(010) 88383994、63202643、68545874 全国各地新华书店和相关出版物销售网点
排　　版	山东水文印务有限公司
印　　刷	山东水文印务有限公司
规　　格	210mm×297mm　16 开本　7.75 印张　105 千字　1 插页
版　　次	2019 年 8 月第 1 版　2019 年 8 月第 1 次印刷
印　　数	0001—1200 册
定　　价	**80.00 元**

凡购买我社图书，如有缺页、倒页、脱页的，本社营销中心负责调换
版权所有·侵权必究

主要编写人员

主　　编　蔡建元

副 主 编　章树安　杨建青　刘　晋

主要编写人员（按单位顺序）

李　静　吴梦莹　彭　辉　熊珊珊　朱金峰　潘曼曼

戴　宁　刘力源　刘庆涛　李　磊　王　容　杨桂莲

李　硕　冉钦鹏　朱子园　段恒轶　宋瑞鹏　元　浩

张　玮　赵　瑾　徐　嘉　陈少波　付　鹏　张明月

徐小伟　张忆君　王立存　刘耀峰　齐文静　贾玉娟

王文英　王艳龙　陈　蕾　张玉洁　金俏俏　徐润泽

张胜利　石可寒　林长清　宾予莲　邬智慧　付　航

温子杰　韦晓涛　陈　尧　杨　丹　邱琳琳　张　静

庞　楠　娄发立　李　黎　苗　天　伍云华　马　岩

甄德龙　王加方　姬建军　刘　涛　张　莉　王　蕾

参编单位　水利部水文水资源监测预报中心

　　　　　各流域管理机构水文局

　　　　　各省（自治区、直辖市）水文水资源（勘测）局（总站、

　　　　　中心），新疆生产建设兵团水利局水文处

　　　　　山东水文印务有限公司

前　言

　　水文事业是国民经济和社会发展的基础性公益事业，水文事业的发展历程与经济社会发展息息相关。水文发展年度报告作为反映我国水文事业发展状况的行业蓝皮书，从宏观管理的角度，力求系统、准确阐述年度水文事业发展的状况，记述我国水文改革发展的成就和经验，全面、客观反映水文工作在经济社会发展中发挥的重要作用，为开展水文行业管理、制定水文发展战略、指导水文现代化建设等提供参考。报告内容取材于全国水文系统提供的各项工作总结和相关统计资料以及本年度水文行业管理与服务中的重要事件。

　　《2018水文发展年度报告》延续了以往的框架结构，报告由综述、综合管理篇、规划与建设篇、水文站网篇、水文监测篇、水情气象服务篇、水资源监测与评价篇、水质监测与评价篇和科技教育篇等九个部分，以及"2018年度全国水文行业十件大事""2018年度全国水文发展统计表"组成，供有关单位和读者参考。

水利部水文司

2019 年 5 月

目　　录

第一部分

综 述

　　2018 年是全面贯彻党的十九大精神的开局之年，是水利事业承前启后的重要一年，也是改革开放 40 周年。党中央、国务院高度关注水文工作。2018 年 4 月 25 日下午，中共中央总书记、国家主席、中央军委主席习近平考察被誉为洞庭湖及长江流域水情"晴雨表"的城陵矶水文站，了解长江湖南段和洞庭湖流域水资源综合监测管理、防灾减灾情况。5 月 20—22 日，国务院副总理、国家防汛抗旱总指挥部总指挥胡春华在河南、安徽、湖北三省调研防汛工作，先后来到沙市水文站、花园口水文站实地查看汛情，了解水文测报工作。

　　一年来，全国水文系统深入学习领会习近平新时代中国特色社会主义思想和党的十九大精神，围绕水利中心工作，以新时代水利工作方针和治水新思路为指引，开拓创新，团结协作，真抓实干，持续推进水文行业改革，加强水文能力建设，不断夯实水文基础，圆满完成防汛抗旱减灾水文测报任务，积极拓展水文服务领域，为水利工作和经济社会发展提供了可靠支撑和保障。

　　一是水文测报工作成绩突出。水文部门认真做好水文测报工作，全年向水利部报送各类水雨情信息 9.64 亿份，发布洪水预警 835 次；累计向周边国家和国际组织报汛 10 万多条数据，接收信息近 4 万条。成功防御长江、黄河、淮河、松花江等流域 7 次编号洪水，科学防范"山竹""玛莉亚""温比亚"等台风袭击，及时有效应对金沙江、雅鲁藏布江 4 次堰塞湖事件，为防御水旱灾害提供了坚实的技术支撑。

　　二是水文资料整编改革实现历史性突破。深化水文监测改革，实行水文测站资料整编日清月结，2019 年 1 月底全部完成 2018 年度水文资料整汇编工作，大幅提升了资料使用的时效性，取得历史性突破。

三是水文体制机制改革取得新进展。各地结合机构改革积极争取理顺水文管理体制，四川、山东、江苏等省基层水文管理体制改革取得新进展，山东、辽宁等省积极实践政府购买服务取得新成效。

四是水文能力建设持续加强。完成《全国水文基础设施建设规划》中期评估及后续项目调整。编制完成水文监测预报预警能力提升工程实施方案，启动水文现代化建设规划前期工作。下达 2018 年度全国水文基础设施建设投资计划 6.1 亿元，各类建设项目加快实施。完成国家地下水监测工程主体建设任务，单项工程技术预验收率达到 100%。

五是水文服务不断向纵深发展。开展省级行政区界水量监测的站点达 556 处，实现了省级河湖长负责的河湖监测与调查全覆盖；49 个城市开展了城市水文监测预警工作。重点开展了华北地下水超采综合治理河湖地下水回补试点水文监测与动态评估。全国重要江河湖泊水功能区监测覆盖率达到 100%，水质水生态监测体系得到不断完善。

六是水文基础工作扎实开展。加强水文业务系统建设，积极推进新技术新设备应用，全国有 1616 处水文站实现实时在线测流。2018 年，首次在我国举办联合国教科文组织国际水文计划第 8 届"基于全球水文实验与观测数据的水流情势研究"（FRIEND）国际会议，展示了我国改革开放 40 年来水文取得的成就。全年举办各类培训班 340 个，累计培训 1.68 万人次，获得省部级以上科技奖 16 项。

七是水文行业宣传力度不断加大。中央电视台、人民日报、新华网、中国新闻网等媒体多角度开展水文专题宣传报道，中央电视台多次报道宣传水文工作，省级以上电视台全年报道水文工作 482 次，省级以上其他媒体报道 1100 余次。

八是水文精神文明建设成果丰硕。全国 3 家水文单位、21 人分获省、部级文明单位和先进个人荣誉称号，江苏省水文水资源勘测局徐州分局陈磊获全国五一劳动奖章。

第二部分

综合管理篇

2018 年，全国水文系统深入贯彻落实水文工作会议精神，凝心聚力、开拓创新，持续推进水文行业改革、水文能力建设、国际交流合作、水文行业宣传等各项工作任务，深入开展党风廉政和精神文明建设，水文行业管理水平继续向前迈进。

一、水文工作会议

2018 年 3 月 31 日至 4 月 1 日，水利部在北京召开 2018 年水文工作会议，叶建春副部长出席会议并讲话，自然资源部、应急管理部、中国气象局等单位相关司局负责同志应邀出席会议，水利部有关司局和直属单位负责人，各流域管理机构、各省（自治区、直辖市）水利（水务）厅（局）、新疆生产建设兵团水利局分管负责人以及水文部门主要负责人参加会议，各流域管理机构和各省（自治区、直辖市）水文部门通过视频会议系统收看了会议实况。叶建春副部长充分肯定了 2017 年水文工作，指出水文部门要牢牢把握经济社会发展新形势，积极践行中央治水新思路，认真贯彻党中央、国务院决策部署，紧紧围绕水利中心工作，全面推进水文事业新发展。他要求全国水文系统加快适应经济社会发展要求，进一步明确水文发展方位；积极践行人与自然和谐共生理念，进一步拓展水文服务领域；紧紧围绕新时代治水兴水战略，进一步强化水文能力建设，为经济社会高质量协调发展提供有力支撑。叶建春从六个方面对年度水文重点工作做出了部署：一是全力做好防汛水文测报工作，做好汛前准备、加强预测预报、强化信息报送和预警发布、落实安全生产责任；二是切实抓好项目建设管理，做好项目前期工作、完成国家地下水监测工程建设、推进基层水文业务能力建设；三是积极推进体制机制改革，持续推进管理体制改革、创新水文运行机制、依法加强测站审批管理、推进水文监测改革；四是努力拓展水文服务领域，主动服务河长制湖长制、推进水资源监测、加强水质监测、强化信息共享服务；五是大力推进水文科技应用，重视加强水文科学研究、推广先进技术应用，认真举办好水文国际会议；六是深入推进党风廉政和精神文明建设。与会代表听取了智慧水利与水文、水文监测及资料整编改革、国家地下水监测工程建设、2018 年气象水文情势预测等四个业务专题报告，并对北京市团城湖供水水源地监测及城市水文工作进行了现场考察；山东省、湖北省、四川省、湖南省、辽宁省、河南省、甘肃省和水利部太湖流域管理局（简称太湖局）等水文部门负责人及水利部淮河水利委员会（简称淮委）水资源保护局负责人作了交流发言。

会后，全国水文系统认真学习贯彻落实水文工作会议精神，对照会议明确的目标任务和重点工作，研究制定切实可行的工作方案和具体措施，认真完成年度各项工作任务，做好水利改革和经济社会发展的有力支撑。

二、完善政策法规体系建设

1. 优化政务服务，规范行政审批

全国水文系统深化"放管服"改革，进一步优化政务服务、规范行政审批事项，逐步构建水文测站报批、报备常态化管理机制。天津市将水文行政审批事项纳入市水政服务大厅窗口建设，按照《水政服务大厅"五规范"服务标准》，对服务环境、工作仪表、服务语言、服务态度、工作纪律进行规范，对实行首问负责制、延时服务制、一次性告知做出明确规定。江苏省将水文行政审批事项与其他水行政许可事项进行统一管理，梳理提出"不见面审批"标准化事项清理清单，编制完成"全程不见面审批"指引。浙江省结合"最多跑一次"改革，

全面梳理包括水文行政审批事项在内的"最多跑一次"项目，制定服务清单，在浙江政务服务网开通网上受理流程。江西省将"水文水资源监测资料统一汇交"事项纳入省级第二批"一次不跑"政务服务事项清单，提升水文服务效能。四川省开展行政权力清理工作，完成水文行政审批事项在内的一体化政务服务平台数据录入。陕西省配合省级政务服务平台建设，完成了涉及水文的行政审批及公众服务工作。水利部黄河水利委员会（简称黄委）、淮委、水利部珠江水利委员会（简称珠江委）等流域管理机构和河北、江西、重庆、云南、广西等省（自治区、直辖市）水文部门进一步推进水文行政审批事项的标准化规范化建设，优化审批流程，梳理申请材料清单，完成统一受理、服务指南、审查工作细则等制度修订。

一年来，水利部本级受理完成北京市、安徽省、湖南省、陕西省、水利部海河水利委员会（简称海委）5项共5处国家基本水文测站调整审批。各流域管理机构受理完成国家基本水文测站上下游建设影响水文监测工程的审批事项29项，其中，水利部长江水利委员会（简称长江委）有关于启东市崇启大桥至三和港长江岸线综合整治工程对水文测站影响等2项，黄委有芮城丰德燃气管道穿越黄河工程、武山县洛门（镇）渭河特大桥改建工程、吉利区西霞院港航中心工程对水文测站影响等23项，珠江委有关于珠海市鹤洲至高栏港高速公路跨鸡啼门水道特大桥工程建设对水文测站影响等4项。

黄委对上游水文水资源局、宁蒙水文水资源局、河南水文水资源局、山东水文水资源局等20多项水行政审批事项开展事中事后监管。河北、辽宁、江苏、浙江、重庆、四川、贵州、青海等省（直辖市）16处国家基本水文测站的设立和调整得到各地水行政主管部门的批复并报水利部备案管理。内蒙古、安徽、重庆、贵州等省（自治区、直辖市）完成12项国家基本水文测站上下游建设影响水文监测工程的审批。湖南、云南、广西等省（自治区）完成43处专用水文测站的审批，湖南省将868处雨量站纳入专用水文站网管理，河北省对部分中小河流水文测站站名和站码进行变更批复，新疆维吾尔自治区对受工程、洪水水毁及冲刷等影响的 5 处水文站测验项目的调整进行批复。

2. 加强水行政执法力度，维护水文合法权益

全国水文系统持续推进《中华人民共和国水文条例》的贯彻落实，积极开展水文法制宣传，加强水行政执法力度，依法维护水文合法权益，保护水文监测环境和水文设施。2018 年，黄委、淮委、珠江委、太湖局等流域管理机构和北京、天津、安徽、河南、湖北、广西、陕西、青海等省（自治区、直辖市）水文部门由各水行政主管部门授权开展水行政执法工作，保障了水文监测工作的正常开展和水文站网的稳定发展，提升了水文社会地位。

黄委在 2018 年"世界水日""中国水周"活动期间开展水文法规宣传，组织开展了"法律六进"活动（图 2-1），将《中华人民共和国水文条例》

图 2-1 黄委"法律六进"到社区

等水法规材料送到乡村、工地、社区、机关等，使广大群众更加关注黄河水文，增强自觉厉行水法规、保护水文设施与监测环境的意识；组织 24 支巡查队伍共 100 多人，历时 3 个月行程万余公里，开展汛前、汛后定期测验保护区和管理河段河道巡查、抽查近 400 站次，发现水事违法违规事件 30 起，办结 25 起,重点查处了卢氏县洛河城区治理项目一期工程对卢氏水文站水文监测影响案(图 2-2)、济洛高速公路黄河大桥对黄委小浪底水文站水文监测影响案、巩义康芝路工程对黑石关水文站水文监测影响案等。

图 2-2 建设工程对卢氏水文站水文监测影响现场检查

淮委水文监察支队对淮河流域水文测站保护范围定期开展水行政执法巡查,全年共开展执法巡查 32 次,出动人员 83 人次、车辆 37 次,巡查监管对象 36 个;组织在新建的省界水文站设立"依法保护水文监测设施""水文设施、严禁破坏"等保护标志,推进水文监测设施保护工作。

太湖局对直属的水文站、水质自动监测站等监测设施及监测环境保护范围进行日常执法巡查,联合地方水行政主管部门依法处置了数起河道施工弃土影响水文监测、施工船舶撞毁监测设施等违法行为。

江苏省就盐泰锡常宜铁路长江大桥选址影响江阴潮位站水文监测、枫桥古镇建设影响枫桥水文站水文监测事宜进行沟通协调,有效维护了水文测站合法权益。

浙江省把水文设施及监测环境保护作为行业管理的重点和红线,及时对全省影响水文设施测验的各类事项进行监督指导,积极参与水利厅组织的瓯江流域防洪规划、杭州市西湖区铜鉴湖工程等各类审查 25 个，对涉水工程对水文测站可能的影响及区域站网布设提出意见，有效避免或减轻了对水文监测环境的影响，促进了"工程带水文"的有效落地。

江西省强化水文依法办事力度，先后制定了《重大事项依法决策制度》《法律顾问工作规则》等，落实水文执法巡查制度，依法依规处理南丰水文站、黎川水文站受工程影响迁站和深渡水文站观测场上空高压电线迁移事宜，加大水文设施保护力度。

河南省水利厅重新批复了 18 个水文水资源勘测局的水政监察大队，通过规范建设、建立考核通报机制逐步完善省、市、测区三级水政监察体系，同时改进巡查机制，推进服务型执法建设；组织开展了汛前水文设施与监测环境专项联合执法检查活动、河湖执法、扫黑除恶专项斗争等各项专项执法，确保水文监测环境和测报设施安全。其中，在汛前水文设施与监测环境专项联合执法检查活动中排查出侵占、毁坏、擅自移动或使用水文设施，在水文监测环境保护范围内种植林木、高秆作物等破坏水文监测环境，在水文测站上下游建设影响水文监测的工程等各类问题 109 项，已解决问题 78 项，未解决的问题也在推进中，在此次联合执法检查活动中，于 2016 年发现的郑州水文局地下水监测井遭破坏一案，在郑州市水务局大力支持下，通过现场调查取证、下达整改通知等一系列措施得以解决。

湖北省水文水政监察大队深入开展水文观测设施和防汛通信设备保护专项执法检查，巡查河道长度 1407.2km，巡查对象 2090 个，出动执法车辆 457 车（次），执法人员 1015 人（次），及时发现制止各类水事违法行为 10 起，依法保障了水文正常工作环境和秩序。

广西壮族自治区对水文监测环境和设施保护工作实行区局、沿海市局和县域中心水文站三级分级管理，形成水文监测环境和设施保护工作长效机制，建立了水文监测环境和设施日常巡查制度。

陕西省对西安市南环线高速建设工程影响涝峪口水文站及罗李村水文站测报环境等事件，通过下发停止违法行为通知书和谈判、协商，使建设方认识到了违法行为，并停止工程建设进行整改，维护了水文测报环境。

甘肃省水政监察水文支队就高崖水文站、昌马水文站改建事宜，莺落峡水文站、云龙水文站、三甲集水文站受工程建设影响水文监测事宜进行协商维权，成功维护了水文合法权益。

3. 水文法规及制度建设取得新进展

全国水文系统持续推进水文法规及制度建设。陕西省第十三届人民代表大会常务委员会第九次会议审议通过新修订的《陕西省水文条例》，自2019年3月1日起施行。《内蒙古自治区水文管理办法》立法程序全部完成，待自治区政府常委会审议通过。《西藏自治区水文管理办法》修订工作完成了自治区人大法制工作委员会的审议。海南省积极推动《海南省水文规定》立法工作，已列入海南省2019年人大审议计划。此外，江苏省泰州市政府出台《泰州市水文管理办法》，徐州市政府出台加强水文工作意见。山东省潍坊市、泰安市和日照市政府相继出台《潍坊市水文管理办法》《泰安市水文管理办法》《日照市水文管理办法》，山东省14个设区市政府分别组织召开推进县级水文工作专题会议，潍坊市和烟台市政府先后出台《关于进一步加强县级水文工作的意见》，县级水文工作得到明显加强。云南省大理白族自治州政府出台《关于进一步加强水文工作的实施意见》，将云南省水文水资源局大理分局纳入大理白族自治州政府考核体系。广西壮族自治区财政厅批复同意《广西水文测报运行管理项目支出定额标准》作为自治区本级财政项目支出定额标准，水文项目支出部门预算编制工作走向常规化规范化，水文测报运行管理经费保障得到有效落实。

截至2018年年底，26个省（自治区、直辖市）制（修）订出台了水文相关政策文件（表2-1）。

表2-1 地方水文政策法规建设情况表

省（自治区、直辖市）	行政法规		政府规章	
	名 称	出台时间/（年-月）	名 称	出台时间/（年-月）
河北	《河北省水文管理条例》	2002-11		
辽宁	《辽宁省水文条例》	2011-07		
吉林	《吉林省水文条例》	2015-07		
黑龙江			《黑龙江省水文管理办法》	2011-08
上海			《上海市水文管理办法》	2012-05
江苏	《江苏省水文条例》	2009-01		
浙江	《浙江省水文管理条例》	2013-05		
安徽	《安徽省水文条例》	2010-08		
福建			《福建省水文管理办法》	2014-06
江西			《江西省水文管理办法》	2014-01
山东			《山东省水文管理办法》	2015-07
河南	《河南省水文条例》	2005-05		
湖北			《湖北省水文管理办法》	2010-05
湖南	《湖南省水文条例》	2006-09		
广东	《广东省水文条例》	2012-11		
广西	《广西壮族自治区水文条例》	2007-11		
重庆	《重庆市水文条例》	2009-09		
四川			《四川省〈中华人民共和国水文条例〉实施办法》	2010-01
贵州			《贵州省水文管理办法》	2009-10
云南	《云南省水文条例》	2010-03		
西藏			《西藏自治区水文管理办法》	2009-11
陕西	《陕西省水文条例》（2019年修订）	2019-01		
甘肃			《甘肃省水文管理办法》	2012-11
青海			《青海省实施〈中华人民共和国水文条例〉办法》	2009-02
宁夏			《宁夏回族自治区实施〈中华人民共和国水文条例〉办法》	2010-09
新疆			《新疆维吾尔自治区水文管理办法》	2017-07

三、创新水文体制机制

1. 水文机构设置现状

2018 年是党和国家机构改革之年，水利部保留水文司，行政职能得到加强。5 月，辽宁省率先完成地方水文机构改革，在《中共辽宁省委办公厅关于印发〈省直公益性事业单位优化整合方案〉的通知》中明确"组建省河库管理服务中心（省水文局），为水利厅所属事业单位，机构规格相当于正厅级"，原地市水文局全部保留并升格为正处级。10 月，黑龙江省机构编制委员会批复保留黑龙江省水文局，为公益一类，按副厅级事业单位管理，原地市水文局全部保留，按副处级事业单位管理。

在基层水文体制建设方面。3 月，广东省水利厅批复同意在深圳市水文水质中心加挂"广东省水文局深圳水文分局"牌子，填补了深圳市没有水文分局的空白，深圳市水文机构得到理顺。3 月下旬到 4 月初，四川省 8 个新设地市水文局相继挂牌运转，翻开了四川省水文事业发展的崭新篇章，至此，全省 18 个地市水文局践行"服务地方、融入地方、共建共享"发展理念，基本实现全省市（州）"一对一"直接服务。5 月 10 日，江苏省首家镇级水文服务站"常州市金坛区指前水文服务站"正式成立，标志着江苏省基层水文服务体系建设迈出了实质性步伐。6 月底前，山东省 75 个县级水文中心按照"有场所、有人员、有职责、有作为、有制度、有保障"的"六个有"要求全部组建完成并投入运行；山东省积极推进基层水利与水文融合发展，全省共设立乡镇水文服务中心 312 处，聘用农村水文管理员 4600 余人，"省市县乡村"五级水文管理服务体系日臻完善。7 月 20 日，河北省首家县级水文机构涉县水文局成立，标志着河北省水文监测改革迈出了坚实的一步。截至 2018 年年底，全国水文部门共设立地市级水文机构 296 个，其中，河北、辽宁、吉林、江苏、浙江、福建、山东、河南、湖北、湖南、贵州、西藏、宁夏、新疆等14省（自治区）实现全部按照地市级行政区划设置水文机构；县级水文机构564个。地市级和县级行政区划水文机构设置情况见表2-2。

全国省级和地市级水文机构规格基本保持稳定，共17个省级水文机构为正、副厅级单位或配备副厅级领导干部，其中，辽宁省水文局为正厅级，内蒙古、吉林、黑龙江、浙江、安徽、江西、山东、湖南、广东、广西、贵州、新疆等12个省（自治区）的省级水文机构为副厅级，湖北、四川、云南、陕西等4个省的省级水文机构配备副厅级干部；24个省（自治区、直辖市）地市级水文机构为正处级或副处级单位。

表2-2 地市和区县行政区划水文机构设置情况表

省（自治区、直辖市）	已设立水文机构的地市		已设立水文机构的区县	
	水文机构数量	名 称	水文机构数量	名 称
北京			3	朝阳区、顺义区、大兴区
天津			4	塘沽、大港、屈家店、九王庄
河北	11	石家庄市、保定市、邢台市、邯郸市、沧州市、衡水市、承德市、张家口市、唐山市、秦皇岛市、廊坊市	35	涉县、平山县、井陉县、崇礼县、邯山区、永年县、巨鹿县、临城县、邢台市桥东区、正定县、石家庄市桥西区、阜平县、易县、雄县、唐县、保定市竞秀区、衡水市桃城区、深州市、沧州市运河区、献县、黄骅市、三河市、廊坊市广阳区、唐山市开平区、滦州市、玉田县、昌黎县、秦皇岛市北戴河区、张北县、怀安县、张家口市桥东区、围场县、宽城县、兴隆县、丰宁县
山西	9	太原市、大同市（朔州市）、阳泉市、长治市（晋城市）、忻州市、吕梁市、晋中市、临汾市、运城市		
内蒙古	11	呼和浩特市、包头市、呼伦贝尔市、兴安盟、通辽市、赤峰市、锡林郭勒盟、乌兰察布市、鄂尔多斯市、阿拉善盟（乌海市）、巴彦淖尔市		
辽宁	14	沈阳市、大连市、鞍山市、抚顺市、本溪市、丹东市、锦州市、营口市、阜新市、辽阳市、铁岭市、朝阳市、盘锦市、葫芦岛市	12	台安县、桓仁满族自治县、彰武县、海城市、盘山县、大洼县、盘锦市双台子区、盘锦市兴隆台区、朝阳市喀左县、大石桥市、丹东宽甸满族自治县、黑山县

续表

省（自治区、直辖市）	已设立水文机构的地市		已设立水文机构的区县	
	水文机构数量	名 称	水文机构数量	名 称
吉林	9	长春市、吉林市、延边市、四平市、通化市、白城市、辽源市、松原市、白山市		
黑龙江	10	哈尔滨市、齐齐哈尔市、牡丹江市、佳木斯市（双鸭山市、七台河市、鹤岗市）、大庆市、鸡西市、宜春市、黑河市、绥化市、大兴安岭地区		
上海			9	浦东新区、奉贤区、金山区、松江区、闵行区、青浦区、嘉定区、宝山区、崇明县
江苏	13	南京市、无锡市、徐州市、沧州市、苏州市、南通市、连云港市、淮安市、盐城市、扬州市、镇江市、泰州市、宿迁市	26	太仓市、常熟市、盱眙县、涟水县、海安市、如东县、兴化市、宜兴市、江阴市、溧阳市、金坛市、句容市、新沂市、睢宁县、邳州市、丰县、沛县、高邮市、仪征市、阜宁县、响水县、大丰市、泗洪县、沭阳县、赣榆县、东海县
浙江	11	杭州市、嘉兴市、湖州市、宁波市、绍兴市、台州市、温州市、丽水市、金华市、衢州市、舟山市	71	余杭区、临安市、萧山区、建德市、富阳市、桐庐县、淳安县、鄞州区、镇海区、北仑区、奉化市、余姚市、慈溪市、宁海县、象山县、瓯海区、龙湾县、瑞安市、苍南县、平阳县、文成县、永嘉县、乐清市、洞头县、泰顺县、德清县、长兴县、安吉县、秀洲区、南湖区、海宁市、海盐县、平湖市、桐乡市、嘉善县、柯桥区、嵊州市、新昌县、上虞市、诸暨市、义乌市、永康市、东阳市、浦江县、武义县、磐安县、江山市、常山县、开化县、龙游县、定海区、普陀区、岱山县、嵊泗县、临海市、三门县、天台县、仙居县、黄岩区、温岭市、玉环县、莲都区、缙云县、庆元县、青田县、云和县、龙泉市、遂昌县、松阳县、景宁县、海曙区
安徽	10	阜阳市（亳州市）、宿州市（淮北市）、滁州市、蚌埠市（淮南市）、合肥市、六安市、马鞍山市、安庆市（池州市）、芜湖市（宣城市、铜陵市）、黄山市		
福建	9	抚州市、厦门市、宁德市、莆田市、泉州市、漳州市、龙岩市、三明市、南平市	38	晋安区、永泰县、闽清县、闽侯县、福安市、古田县、屏南县、城厢区、仙游县、南安市、德化县、安溪县、芗城区、平和县、长泰县、龙海市、诏安县、新罗区、长汀县、上杭县、漳平市、永定县、永安市、沙县、建宁县、宁化县、将乐县、大田县、尤溪县、延平区、邵武市、顺昌县、建瓯市、建阳市、武夷山市、松溪县、政和县、浦城县

续表

省（自治区、直辖市）	已设立水文机构的地市		已设立水文机构的区县	
	水文机构数量	名　称	水文机构数量	名　称
江西	9	上饶市（鹰潭市）、景德镇市、南昌市、抚州市、吉安市、赣州市、宜春市（萍乡市、新余市）、九江市、鄱阳湖区	1	彭泽县
山东	17	滨州市、枣庄市、潍坊市、德州市、淄博市、聊城市、济宁市、烟台市、临沂市、菏泽市、泰安市、青岛市、济南市、莱芜市、威海市、日照市、东营市	75	济南市城区、济南市历城区、济南市长清区、济南市济阳区、商河县、青岛市城区、西海岸新区、胶州市、青岛市即墨区、平度市、莱西市、淄博市张店区、淄博市博山区、高青县、沂源县、枣庄市薛城区、枣庄市台儿庄区、枣庄市山亭区、滕州市、东营市东营区、东营市河口区、广饶县、烟台开发区、烟台市牟平区、龙口市、烟台市莱阳区、蓬莱市、招远市、潍坊市奎文区、诸城市、寿光市、安丘市、昌邑市、临朐县、济宁市任城区、邹城市、金乡县、嘉祥县、汶上县、泗水县、泰安市泰山区、新泰市、肥城市、东平县、威海市文登区、荣成市、乳山市、日照市东港区、五莲县、莒县、莱城、雪野旅游区、临沂经开区、沂南县、兰陵县、费县、莒南县、蒙阴县、武城县、乐陵市、临邑县、齐河县、聊城市东昌府区、莘县、东阿县、冠县、高唐县、滨州市滨城区、阳信县、邹平市、菏泽市牡丹区、菏泽市定陶区、单县、巨野县、郓城县
河南	18	洛阳市、南阳市、信阳市、驻马店市、平顶山市、漯河市、周口市、许昌市、郑州市、濮阳市、安阳市、商丘市、开封市、新乡市、三门峡市、济源市、焦作市、鹤壁市	37	潢川县、南阳市市辖区（镇平县、社旗县、方城县）、唐河县（桐柏县）、新蔡县、上蔡县（西平县）、舞阳县、太康县（扶沟县）、鹿邑县、登封市、商丘市市辖区（虞城县、夏邑县、民权县）、永城市、柘城县（睢县、宁陵县）、济源市、鹤壁市市辖区（淇县）、南乐县（清丰县）、濮阳市市辖区、范县（台前县）、焦作市、淮滨县、新县、信阳市主城区、固始县（商城县）、内乡县、南召县、邓州市（新野县）、西峡县（淅川县）、驻马店市市辖区（遂平县）、汝南县、周口市市辖区（西华县、商水县、淮阳县）、沈丘县（项城市）、汝州市（郏县、宝丰县）、许昌市市辖区（长葛市、襄城县、禹州市）、漯河市市辖区、汝阳县（嵩县）、灵宝市、卫辉市、林州市
湖北	17	武汉市、黄石市、襄阳市、鄂州市、十堰市、荆州市、宜昌市、黄冈市、孝感市、咸宁市、随州市、荆门市、恩施土家族苗族自治州、潜江市、天门市、仙桃市、神农架林区	52	阳新县、房县、竹山县、夷陵区、当阳市、远安县、五峰土家族自治县、宜都市、枝江市、枣阳市、保康县、南漳县、谷城市、红安县、麻城市、团风县、新洲区、罗田县、浠水县、蕲春县、黄梅县、英山县、武穴市、大梧县、应城市、安陆市、通山县、咸丰市、随县、广水市、孝昌县、云梦县、兴山县、崇阳县、咸安区、通城县、曾都区、洪湖市、松滋市、公安县、江陵县、监利县、荆州区、沙市区、石首市、神农架、丹江口、钟祥市、京山县、汉川市、黄陂区、恩施市

续表

省（自治区、直辖市）	已设立水文机构的地市		已设立水文机构的区县	
	水文机构数量	名 称	水文机构数量	名 称
湖南	14	株洲市、张家界市、郴州市、长沙市、岳阳市、怀化市、湘潭市、常德市、永州市、益阳市、娄底市、衡阳市、邵阳市、湘西土家族苗族自治州	83	湘乡市、双牌县、蓝山县、醴陵县、临澧县、桑植县、祁阳县、桃源县、凤凰县、浏阳市、永顺县、安仁县、宁乡县、石门县、新宁县、保靖县、桂阳县、隆回县、泸溪县、嘉禾县、安化县、溆浦县、江永县、邵阳县、衡山县、桃江县、永州市冷水滩区、芷江县、吉首市、津市市、慈利县、南县、麻阳苗族自治县、澧县、攸县、炎陵县、耒阳市、冷水江市、双峰县、洞口县、沅陵县、会同县、道县、平江、桂东县、常宁市、湘阴县、长沙市城区、长沙县、通道侗族自治县、娄底市城区、涟源市、新化县、龙山县、武陵源区、衡阳市城区、邵阳市城区、衡东县、祁东县、绥宁县、江华县、新田县、宁远县、郴州市城区、资兴市、临武县、怀化市城区、新晃侗族自治县、永定区、益阳市城区、临湘市、常德市城区、湘潭县、湘潭市城区、岳阳市城区、株洲市城区、南岳区、汉寿县、衡阳县、衡南县、洪江市、武冈市、邵东县
广东	12	广州市、惠州市（东莞市、河源市）、肇庆市（云浮市、肇庆市）、韶关市、汕头市（潮州市、揭阳市、汕尾市）、佛山市（珠海市、中山市）、江门市（阳江市）、梅州市、湛江市、茂名市、清远市、深圳市		
广西	12	钦州市（北海市、防城港市）、贵港市、梧州市、百色市、玉林市、河池市、桂林市、南宁市、柳州市、来宾市、贺州市、崇左市	76	南宁市城区、武鸣区、上林县、隆安县、横县、宾阳县、马山县、柳州市城区、柳城县、鹿寨县、三江县、融水县、融安县、桂林市城区、临桂区、全州县、兴安县、灌阳县、资源县、灵川县、龙胜县、阳朔县、恭城县、平乐县、荔浦县、永福县、梧州市城区、藤县、岑溪市、蒙山县、钦州市城区、钦北区、浦北县、灵山县、北海市城区、合浦县、防城港市城区、东兴市、上思县、贵港市城区、桂平市、平南县、玉林市城区（兴业县）、容县、北流市、博白县、陆川县、百色市城区（田阳县）、凌云县、田林县、西林县（隆林县）、靖西市（德保县）、那坡县、田东县（平果）、贺州市城区（钟山县）、昭平县、富川县、河池市城区、宜州市、南丹县、天峨县、东兰县、凤山县、罗城到、都安县（大化县）、巴马县、环江县、来宾市城区（合山市）、忻城县、象州县（金秀县）、武宣县、崇左市城区、龙州县（凭祥市）、大新县、宁明县、扶绥县

续表

省（自治区、直辖市）	已设立水文机构的地市		已设立水文机构的区县	
	水文机构数量	名　称	水文机构数量	名　称
四川	18	成都市、德阳市、绵阳市、内江市（资阳市、自贡市）、南充市、达州市、雅安市、阿坝州、凉山彝族自治州（攀枝花市）、眉山市、广元市、遂宁市、宜宾市、泸州市、广安市、巴中市、甘孜市、乐山市		
重庆			39	渝中区、江北区、南岸区、沙坪坝区、九龙坡区、大渡口区、渝北区、巴南区、北碚区、万州区、黔江区、永川区、涪陵区、长寿区、江津区、合川区、万盛经济技术开发区、南川区、荣昌县、大足县、璧山县、铜梁县、潼南县、綦江县、开县、云阳县、梁平县、垫江县、忠县、丰都县、奉节县、巫山县、巫溪县、城口县、武隆县、石柱县、秀山县、酉阳县、彭水县
贵州	9	贵阳市、遵义市、安顺市、毕节市、铜仁市、黔东南苗族侗族自治州、黔南布依族苗族自治州、黔西南布依族苗族自治州、六盘水市		
云南	14	曲靖市、玉溪市、楚雄彝族自治州、普洱市、西双版纳傣族自治州、昆明市、红河哈尼族彝族自治州、德宏傣族景颇族自治州、昭通市、丽江市、大理白族自治州（怒江傈僳族自治州、迪庆藏族自治州）、文山壮族苗族自治州、保山市、临沧市		
西藏	7	阿里地区、林芝地区、日喀则地区、山南地区、拉萨市、那曲地区、昌都地区		
陕西	7	榆林市（延安市）、西安市（渭南市、铜川市）、宝鸡市、汉中市、安康市、商洛市、咸阳市	3	志丹县、华阴市、韩城市
甘肃	10	白银市（定西市）、嘉峪关市（酒泉市）、张掖市、武威市（金昌市）、天水市、平凉市、庆阳市、陇南市、兰州市、临夏回族自治州（甘南藏族自治州）		
青海	6	西宁市、海东市（黄南藏族自治州）、玉树藏族自治州、海南藏族自治州（海北藏族自治州）、海西蒙古族藏族自治州		

续表

省（自治区、直辖市）	已设立水文机构的地市		已设立水文机构的区县	
	水文机构数量	名　称	水文机构数量	名　称
宁夏	5	银川市、石嘴山市、吴忠市、固原市、中卫市		
新疆	14	乌鲁木齐市、石河子市、吐鲁番地区、哈密地区、和田地区、阿克苏地区、喀什地区、塔城地区、阿勒泰地区、克孜勒苏柯尔克孜自治州、巴音郭楞蒙古区、昌吉回族自治州、博尔塔拉蒙古自治州、伊犁哈萨克自治州		
合计	296		564	

2. 水文双重管理体制建设

为满足地方经济社会发展对水文工作需求的不断增长，各地水文部门继续推进水文双重管理体制建设。深圳市水文水质中心加挂"广东省水文局深圳水文分局"牌子，广东省水文局负责其行业管理，实现了双重管理（图2-3）。山东省泰安市机构编制委员会办公室同意泰山区、新泰市、肥城市、东平县等全部4个县级水文中心加挂县级水文局牌子，实行双重管理，青岛、烟台、威海、日照等市部分县级水文中心落实了双重管理，其中烟台市牟平水文中心

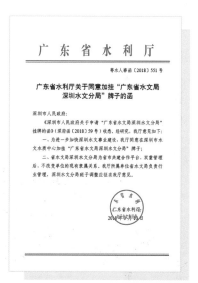

图2-3　广东省水利厅关于同意加挂"广东省水文局深圳水文分局"牌子的函

每年联合区水务局召开水文工作会议，调度安排各乡镇水文工作；日照市莒县水文中心2018年列入当地财政预算50万元，并通过"一事一议"争取专项资金155万元，用于水文设施建设和维护。江西省县域水文影响力扩大，宁武县政府主动要求设立水文机构，服务当地社会经济发展。

截至 2018 年年底，全国有 142 个地市水文机构实行双重管理，其中，山东、河南、湖南、广东、广西、云南等省（自治区）地市级水文机构全部实现双重管理。北京、天津、河北、辽宁、上海、江苏、浙江、福建、江西、山东、河南、湖北、湖南、广西、重庆、陕西等 16 个省（自治区、直辖市）共设立 564 个县级水文机构，362 个实行双重管理。

3. 政府购买服务实践

2018 年 3 月，水利部出台了《水利部政府购买服务指导性目录》，将水文测验辅助业务、水文监测设施维护、水质采样等内容列入指导性目录，为购买社会服务提供了政策依据。全国水文系统积极探索用人用工方式改革，推动利用社会力量参与水文工作，加大政府购买水文服务的力度。水利部水文司蔡建元司长带队调研山东省政府购买社会水文服务实践情况，就水文部门科学实施政府购买服务、推动基层水文管理服务体系建设等工作明确提出要求（图 2-4）。珠江委、太湖局等流域管理机构和北京、山西、辽宁、吉林、上海、江苏、浙江、安徽、福建、江西、山东、湖北、广西、重庆、新疆等省（自治区、直辖市）水文部门开展了购买社会服务实践。

图 2-4 蔡建元司长调研山东省政府购买社会水文服务实践情况

山东省政府购买社会服务连续实施 3 年，购买服务经费逐年增加，2018 年落实年度政府购买服务经费 6705 万元，购买社会劳务服务人员 516 人，并出台了《关于规范向社会力量购买服务人员监督管理工作的指导意见》《山东省水文部门向社会力量购买服务绩效管理办法》。辽宁省将购买服务经费列入年度财政预算，2018 年购买劳务派遣人员 255 人，按照《劳务派遣人员管理办法》和《劳务派遣人员基础业务培训方案》，加强对劳务派遣人员的规范化管理并组织开展了业务培训，目前劳务派遣人员在水文常规观测、常用设备维护、日常报汛等基础性工作中发挥了重要作用，化解了基层水文测站人员不足的问题。河北省依托政府购买服务，组建了 107 人的运维队伍，对山洪灾害防治、中小河流治理、地下水超采治理等 6000 余处水文自动测报站点进行运维管理。福建省经多方努力，将运维费列入省年度财政预算并明确逐年增加，2018 年落实经费 1200 万元，其中 945 万元用于购买社会服务，通过购买社会水文服务，落实监测技术人员 123 人、水文测站设施看护人员 144 人，全省 201 个中小河流专用水文站、水位站水文测验工作全部实现正常开展。江西省积极探索购买社会水文服务的内容和方式，赣州、宜春、吉安等市对辖区内水位站、雨量站运行维修养护、水文缆道涂油维护等服务性工作通过购买社会服务，逐步交由社会力量承担，将水文职工和工作重点转移到提升核心水文业务工作质量和效率上来。广西壮族自治区为解决水质监测任务重、人员少的问题，印发了《广西水文购买水质监测服务有关规定》，委托开展 344 处水质站点的水质采样工作，委托费 218.9 万元，委托水质采样工作的水质站点占全区水质站点总数的 77.0%。海南省通过第三方人力资源服务机构购买劳务派遣人员 46 名，缓解水文站点建设管理、水质监测人员不足的问题。重庆市协调市财政落实水文监测站点运行维护资金约 6000 万元，通过购买社会服务做好水文测站运行维护，有效解决了人员不足的问题。

四、水文经费投入

近年来，水文在经济社会发展中的基础性服务功能不断增强，水文工作得到了各级政府和社会各界的高度关注和大力支持，中央和地方政府对水文投入力度大。

　　按 2018 年度实际支出金额统计，全国水文经费投入总额 877893 万元，较上一年增加 78492 万元。其中事业费 765582 万元、基建费 100460 万元、外部门专项任务费等其他经费 11851 万元（图 2-5）。在经费投入总额中，中央投资 169736 万元，约占 19%，地方投资 708157 万元，约占 81%，较上一年中央和地方都加大了投资力度（图 2-6）。

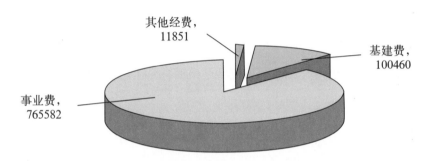

图 2-5　2018 年全国水文经费总额构成图（单位：万元）

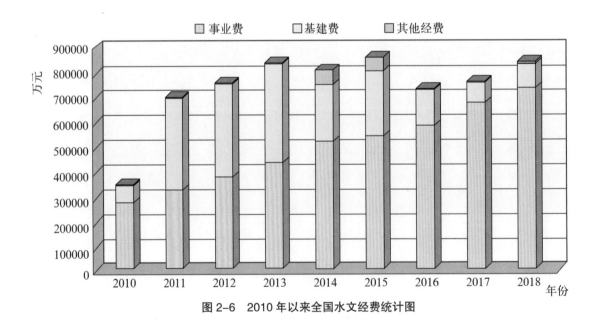

图 2-6　2010 年以来全国水文经费统计图

　　全国水文事业费 765582 万元，较上一年增加 63814 万元，其中，中央水文事业费投入 108355 万元，较上一年增加 2953 万元；地方水文事业费投入 657227 万元，较上一年增加 60861 万元。全国水文基本建设投入 100460 万元，较上一年增加 11592 万元，其中，中央水文基本建设投入 61381 万元，较上一年增加 27160 万元；地方水文基本建设投入 39079 万元，较上一年减少 15568 万元。

五、国际交流与合作

2018 年，全国水文系统围绕年度工作实际和水文业务需求积极开展多边、双边水文国际合作与交流活动，加强国际河流水文合作，取得了良好成效。

1. 国际会议和重大水事活动

2018 年 11 月 3—5 日，联合国教科文组织国际水文计划（UNESCO-IHP）东南亚和太平洋地区区域指导委员会第 26 次会议在上海召开（图 2-7），来自匈牙利、印度尼西亚、阿富汗、澳大利亚、斐济、德国、伊朗、日本、韩国、老挝、马来西亚、蒙古、缅甸、尼泊尔、新西兰、菲律宾、泰国、东帝汶、越南以及联合国教科文组织雅加达办公室等 40 多位代表汇聚上海，围绕"水安全——应对地方、区域、全球挑战"的主题，开展深入交流、实地考察和互惠合作，共商区域水文领域合作机制，共享全球水文科学研究与发展成果，共筑水文发展合作共赢利益共同体。

图 2-7　联合国教科文组织国际水文计划东南亚和太平洋地区区域指导委员会第 26 次会议

本次会议由 UNESCO-IHP 东南亚和太平洋地区指导委员会、UNESCO-IHP 中国国家委员会主办，上海市水文总站承办。UNESCO-IHP 中国国家委员会主席、水利部水文司司长蔡建元，上海市水务局、上海市海洋局副局长周建国出席开幕式并致辞，UNESCO-IHP 中国国家委员会副主席河海大学教授余钟波主持开幕式，并代表中国国家委员会介绍了中国在水文领域开展的活动和研究成果。会议对国际水文计划（IHP）全球活动进行了年度总结，对 IHP 框架下各成员国的水文活动进行了经验分享，并就进一步加强政府间水文领域深度合作等进行了规划和部署。期间，与会代表还参观了上海市水文总站松浦大桥水文站，查看了水文水质监测装备。

11 月 6—9 日，联合国教科文组织国际水文计划第 8 届"基于全球水文实验与观测数据的水流情势研究"（FRIEND）国际会议在北京成功举办，会议主题为"变化环境下的水文过程与水安全"。本次会议是四年一届的 FRIEND 国际会议第一次在亚洲国家举办。水利部副部长叶建春出席开幕式并讲话（图 2-8），他指出，当今世界，随着人口持续增长、资源消耗增加、气候变化影响加剧，水安全问题愈加凸显，已经成为制约全球可持续发展的突出瓶颈，中国政府提出"节水优先、空间均衡、系统治理、两手发力"的治水方针，大力

图 2-8 水利部副部长叶建春致辞

推进生态文明和节水型社会建设，加快构建中国特色水安全保障体系，促进民生福祉改善，促进社会和谐进步，取得了重要进展，中国愿意与世界各国共同探讨治水经验、分享治水技术、提高水安全保障能力，也希望世界与会代表分享经验，拓展技术，共享成果，共迎挑战，共同构建绿色、循环、节约、高效、安全的全球水治理体系新格局。UNESCO–IHP 中国国家委员会主席、水利部水文司司长蔡建元主持开幕式并作主旨报告（图 2-9），他介绍了中国水文事业

图 2-9　水利部水文司司长蔡建元主持开幕式并作主旨报告

发展取得的主要成效和经验，强调中国政府高度重视水文工作，中国水文管理部门愿与各国携手同行，共同应对挑战，聚焦全球重大水问题，推进水文科学新发展。会上，蔡建元向与会各国提出呼吁：一要加强全方位多渠道的全球水文合作与交流，推进联合国教科文组织国际水文计划阶段战略计划的实施；二要充分考虑水文的基础性公益性特点，从政府层面重视和支持水文工作，将水文事业的建设发展纳入政府发展战略和宏观规划；三要更加关注和加强生态领域的水文工作，为维持生态平衡、保护生态环境发挥水文应有作用。

　　联合国教科文组织副总干事施莱格尔出席开幕式并致辞（图 2-10），UNESCO–IHP 副主席纳吉先生作大会主旨报告，南京水利科学研究院院长、中国工程院院士张建云和 UNESCO–IHP 亚太区域指导委员会主席 Ignasius

图 2-10　联合国教科文组织副总干事施莱格尔致辞

Sutapa 分别作专题报告。会议共收到国内外学术论文 130 余篇，来自联合国教科文组织 40 多个成员国和相关国际组织的 200 多名专家围绕大会主题以及变化环境和无人区的水文观测、变化环境下的河流情势和水文极端事件、人类活动影响下地表地下水文过程模拟与预测等 8 个主要议题展开为期 3 天的学术报告和交流研讨（图 2-11），期间与会代表还参观了南水北调中线工程终点北京团城湖调节池。

图 2-11　联合国教科文组织国际水文计划第 8 届 FRIEND 国际会议

　　10—11 月，在中欧水资源交流合作平台框架下，按照中芬水利合作谅解备忘录，经国家外专局批准，水利部组织举办"城市水文和水生态监测技术培训团"，来自全国水文系统的 16 位技术骨干，赴芬兰开展了为期 14 天的专题培训，学习借鉴芬兰城市水文和水生态监测等先进技术经验，推进中芬水资源领域双边合作。培训班得到了芬兰农业与林业部自然资源司的大力支持。

各地水文部门围绕水文测报、水文监测、水资源管理等领域，加强国际交流与项目合作。长江委积极服务"一带一路"建设，开展了澜湄水资源合作项目"老挝国家水资源信息数据中心示范项目"（图2-12、图2-13）、巴基斯坦卡洛特水电站（图2-14）等近30项国外水文服务项目，组织"多瑙河流域水环境监测技术交流团"，参加"中丹战略合作项目技术交流团""泥沙调控及河流演变与治理技术研究交流团"等国际交流互访工作。10月，黄委与来访

图2-12 对老挝技术人员进行水雨情监测系统技术培训

图2-13 援建完成的老挝水文监测站、雨量监测站

图 2-14 巴基斯坦卡洛特水电站水文泥沙勘测现场

的澳大利亚昆士兰大学 Frederick Bouckaert 教授一行就水文监测、生态保护等工作进行交流座谈，深入讨论了进一步开展合作与交流的意向；11 月，组织波兰国家科学院农业物理学研究所的 Wojciech Skierucha 教授、Andrzej Wilczek 博士，以及吉林、河南、内蒙古等省（自治区）水文部门和水利部南京自动化研究所的专家开展墒情监测技术研讨。太湖局组织技术交流团赴荷兰就"流式细胞仪藻类在线监测设备"继续进行技术交流，双方充分讨论了流式细胞仪藻类监测、水生态监测、水资源管理与保护以及湖泊生态修复等方面的内容，深入探讨了双边合作的工作计划。浙江省与来访的日本技术士会枥木县副支部长、国际委员长福田一郎一行 4 人就水文预报和农村饮用水等技术工作进行交流座谈，双方表示后期将继续借浙江省与枥木县搭建的平台，针对洪水预报和农村饮用水应用等方面继续合作探讨，支撑区域经济社会发展。广东省中芬合作项目"城市水监测管理、暴雨风险规划及早期预警"第二次技术研讨会于 3 月在广州市和佛山市成功召开，来自中芬两国科研院所和高校的近 20 位专家学者，围绕海绵城市建设、城市水文监测、内涝预警预报、洪涝风险分析等问题展开了充分研讨和积极交流，共同分享技术和经验，期间，与会专家到广州东濠涌博物馆、海珠湿地、海珠湖、佛山沙口水利枢纽、佛山大堤、防汛物资仓库、省防汛抢险潜水一队，以及城市内涝监测点等地进行了水利技术考察，促进了试点城市的深入交流，加强了双方的沟通对接，推动了广东水文学术研究与应用实践的深化。贵州省首次组团赴瑞士参加水资源监测及应用研究专题培训，对瑞士在水资源监测方面的管理、科研、服务、人才培训的相关政策和服务能力提升与创新发展等方面进行了系统学习，促进贵州水文更好的服务社会经济发展。青海省与挪威水文部门开展了国际科技合作项目"青海省三江源国家级自然保护区水资源预测系统研究"。

2. 国际河流水文合作

我国稳步推进与周边国家的国际河流水文交流与合作，积极参与国际河流涉外磋商谈判活动。2018 年，我国同俄罗斯、哈萨克斯坦、蒙古、朝鲜、印度、越南、孟加拉和湄公河委员会等周边国家和国际组织，围绕国际河流水文报汛、水文资料交换与对比分析、水资源调查评价、水文过境测流、边界水文站考察和水文业务交流等方面，开展了一系列卓有成效的工作。据统计，我国全年累计向下游周边国家和国际组织提供报汛信息 10 万多条，接收信息近 4 万条，加强了双边合作，为周边国家减轻自然灾害影响发挥了重要作用。

六、水文行业宣传

2018 年，全国水文系统以习近平新时代中国特色社会主义思想和党的十九大精神为指引，以中央新时代治水方针和水利改革发展为主线，围绕行业政策法规落实、水文中心工作推进、重大业务活动开展，大力开展水文行业宣传，努力提高舆论引导水平，提升水文行业形象，为推动水文改革发展营造良好舆论氛围。

1. 强化宣传制度建设与队伍建设

全国水文系统加强行业宣传制度建设，开办宣传工作培训，培养队伍，充实力量。水利部印发《关于加强水文工作动态信息报送的通知》（水文综〔2018〕1 号），建立工作动态信息报送机制，整理筛选全国水文系统报送的信息简报，每季度印发一期。长江委印发了《网络宣传管理办法》，开办新闻写作等专题讲座，建立了宣传工作群。黄委印发了2018年信息宣传工作要点，明确了各项工作具体任务及责任部门。安徽省出台《安徽省水文局信息宣传工作管理办法》，强化信息宣传员奖惩制度，举办了综合文秘培训班，召开了综合文秘座谈会，加强信息宣传员管理。江西省印发《关于进一步加强和规范江西省水文局网站信息发布工作的通知》，并组织全省水文系统宣传骨干参加宣传文化培训班。四川省制定了2018年宣传工作要点，围绕"大水文"中心思想，结合水文改革，提高宣传意识，讲好水文故事的宣传目标，并邀请《华西都市报》要闻部副主任席秦岭开展了新闻传播与舆情把握培训班，结合"7·9"洪灾等水文宣传实例进行了专题培训，取得良好效果。贵州省制定印发《贵州省水文系统关于加强2018年宣传思想工作的通知》《贵州省水文水资源局信息公开相关制度》，对全省水文系统全年的宣传思想工作作了统一部署，提出了目标要求；制定《贵州省水文水资源局党委网络意识形态工作责任制考核暂行办法》，进一步强化网络意识形态工作的主体责任，推动意识形态工作责任落实到位。云南省制定《云南省水文水资源局宣传阵地管理办法（试行）》，并及时印发《云南水文水资源局关于做好信息报送工作的通知》，明确了年度宣传工作的要求。

2.开展主题宣传活动

全国水文系统利用"世界水日""中国水周""改革开放40周年""国家宪法日"等重要节点，围绕政策法规、行业发展、工作亮点等开展内容丰富、形式多样的主题宣传活动。浙江省积极开展"世界水日""中国水周"宣传，制作印刷品、PPT等宣传资料，走进胜利小学、杭师大附小和城厢幼儿园等开展以"节水、护水、亲水"为主题的亲水课，让水文走进校园，扩大水文的知名度，提升水文的社会影响。江西省通过宣传平台组织了"防汛测报集中报道""奋进水文 走向辉煌""高温下的水文人"等专题宣传，在《中国水利报》、江西省省直机关《风范》《人民长江报》等平台发表了水文工作报道。湖北省编印《全省水文系统抗御"98+"特大洪水实录》，正式推出《栉风沐

雨水文人　把脉江河写春秋》湖北水文宣传片，协调配合湖北省人民政府推出"回眸四十载　奋进新时代"湖北水文改革开放 40 周年成就专题宣传。广东省在"世界水日""中国水周"期间，组织精干力量，以"实施国家节水行动，建设节水型社会""全面推行河湖长制、争做'河小青'"等为宣传主题，组织各地市水文分局开展了公共宣讲、志愿服务等水文宣传系列活动。安徽省制作了"十一五""十二五"水文发展历程《牢记使命再扬帆——安徽水文十年发展纪实》专题宣传片。广西壮族自治区组织全区水文系统开展"国家宪法日"集中宣传月活动，在"国家宪法日"期间，充分利用网站、电子显示屏等播放 2018 年《宪法》宣传周公益广告，做好"世界水日""中国水周""国家宪法日"及《广西壮族自治区水文条例》等普法宣传工作；2018 年 1 月 1 日在《广西日报》刊登自治区水利厅杨焱厅长庆祝《广西壮族自治区水文条例》颁布施行 10 周年署名文章《加快推进全区水文改革步伐　为广西水利和经济社会发展提供有力支撑》，进一步提升了广西水文的影响力和知名度。

3. 拓展多媒体宣传

全国水文系统不断巩固传统水文宣传阵地，积极拓展新媒体平台，在提高水文社会影响、颂扬水文人精神、鼓舞水文系统干劲方面取得了良好的效果。

水利部水文司编辑出版《中国水文》画册，图说中国水文的发展历程、主要成就和未来展望。11 月 13 日，中央电视台在新闻联播中播出了"我国水文测站实现大中小河流全覆盖"的水文站网建设成就（图 2-15），时长 17 秒，多家媒体进行了转播。11 月初在北京召开的联合国教科文组织国际水文计划第 8 届 FRIEND 国际会议，是中国首次举办的全球性国际水文学术盛会，人民日报、新华网、中国新闻网、凤凰新闻网等 10 多家国内媒体从多个角度对会议和水文工作情况进行了报道，在国内外引起了极大反响，提升了中国水文的国际影响力。长江委充分利用行业媒体做好宣传，《长江委水文局强化白格堰塞湖水文应急工作 24 小时滚动应急预报》等多篇文章被人民网、新华网等转登；

在中国水利网等媒体上，推出《长江水文精准测报有效应对流域洪水》《致敬！高温下的长江水文人》等新闻 28 篇。黄委密切联系媒体，联系协助中央电视台《非常年夜饭》、湖南卫视《我爱你，中国》、国家地理频道《鸟瞰中国》栏目摄制组在龙门水文站进行拍摄；制作了《黄河水文》电视片，全面展示黄河水文事业发展新成就。中央电视台新闻频道《非常年夜饭》栏目播出的《悬崖上的春节》纪录片，真实展现了黄河龙门水文站职工在春节阖家团圆之际坚守岗位、履职尽责的水文精神（图 2-16）。

图 2-15　新闻联播播出"我国水文测站实现大中小河流全覆盖"的水文站网建设成就

图 2-16　《非常年夜饭》——龙门水文站

北京市突出水文工作亮点，多渠道、多角度、多频次推送水文信息，尤其是"7·16""7·22"暴雨期间，在水润京华、北京防汛、北京水务等媒体上推出专题报道，真实反映了水文人应对暴雨洪水的成效和付出的艰辛；与《北京青年报》共同策划了大型宣传报道《见证，水文改革开放 40 年成就》，提高水文社会影响力。河北省策划了"人水和谐·美丽京津冀"水生态水环境监测技能竞赛的宣传活动，除了使用传统的宣传方式广泛及时地宣传，还同时在燕赵水利公众号开通了直播，运用生动及时的图片视频实时进行全方位宣传。福建省不断创新宣传渠道和形式，与杂志、报社、电视台等媒体建立长期合作机制，组织开展"四个一"（一次调研、一场征文比赛、一本杂志、一段微视频）活动，通过媒体力量进一步提升水文的社会知名度和影响力。江西省整合了全省水文网站，9 个分局统一在省水文局网站设置网页；开设了江西水文微信公众号，为更好地传播水文好故事、发出水文好声音、塑造水文好形象提供了渠道和平台。湖南省建成湘江流域水文展示馆，以"湘江流域水文文化"为主题，将液晶显示、电子翻书、液晶推拉屏、数字沙盘、电子签名等现代声光电技术及全流域展示图、水文普及知识展示、水文仪器的变迁发展等融入展示环节，生动翔实地展示了湘江流域水之壮美。《重庆日报》发布《为了一江清水浩荡东流——重庆水文人勇立潮头续写新篇》水文整版宣传，全面展示重庆水文发展成果，传达了重庆水文核心价值；制作发布《我们是江河把脉人》H5 人物产品，展示水文人风采。《贵州日报》专版刊登了文章《迈向新时代　贵州水文谱新篇》，并发表文章《各司其职、沉着应对——黔南水文应对"6·22"强降水纪实》《打造防汛抗旱的敏锐"耳目"——我省水文情报预报工作发展见闻》，较为全面地反映了贵州水文贯彻落实治水新思路、推进生态文明建设的做法，展现了贵州水文人锐意进取的精神风貌以及为区域经济社会发展做出的成绩和取得的经验。陕西省组织陕西电视台、《宝鸡日报》等媒体记者深入一线对水文职工迎战关中陕南 10 多年来最大暴雨洪水进行集中报道，其中《记者走基层：渭河一线的报汛人》在《陕西新闻联播》中用时 4 分钟在黄金时间进行了播报，取得了良好的宣传效果。

七、精神文明建设

2018 年，全国水文系统深入学习贯彻习近平新时代中国特色社会主义思想和党的十九大精神，紧紧围绕服务水利中心工作，坚持把精神文明建设与水文业务工作紧密结合，做到同部署、同落实、同检查、同考核，实现了业务工作和精神文明的互动双赢，有力推动了水文各项工作的开展。

1. 深入学习贯彻习近平新时代中国特色社会主义思想和党的十九大精神

全国水文系统把党建工作摆在重要位置，落实全面从严治党要求，持续推进"两学一做"学习教育常态化制度化，注重基层党组织建设，深化党风廉政建设，推进党的作风建设。水利部水文司在完成规定动作的学习以外，组织全体党员赴南水北调中线建管局河南分局开展支部联学联建活动，收到很好的效果。珠江委以案为鉴，有针对性地开展纪律教育学习月活动，邀请广东省省委党校专家讲授党风廉政建设纪律教育有关专题讲座，加强廉政宣传教育和警示教育，层层传导压力；强化党内监督，设立 19 名基层支部纪检委员，严格履行约谈制度，局领导按主体责任清单约谈分管的部门和单位，实现约谈范围全覆盖，加强了对分管部门人员的监督和提醒。北京市按照党委制定的《学习宣传贯彻党的十九大精神学习方案》要求，筛选学习书籍、光盘，督促各支部和各科室、队制订学习计划并按计划开展学习，党委加强对各支部和各科室、队学习贯彻情况的检查，确保学习全覆盖；组织开展了党的十九大精神专题培训班，使全体党员干部进一步领会党的十九大精神和习近平新时代中国特色社会主义思想的深刻内涵，明确了工作方向。天津市开展形式多样的党员学习，开展"每日一题、每周一测、每月一考"工作，并制定了《水文中心"每月一考"实施方案》，设置机关和分中心考场，党员参与率达 100%。四川省创新党建工作，积极推进党员积分制管理试点工作，在充分结合水文工作实际的基础上，印发了《四川省水文水资源勘测局党员积分制管理实施办法（试行）》，四川省水利厅直属机关党委高度认可党员积分制管理工作，并组织召开了厅直单位党员积分试点交流会。

2.大力开展精神文明创建

全国水文系统围绕水文改革发展大局，不断丰富精神文明创建的内容、形式、方法，推进开展精神文明创建活动。黄委印发了《2018年水文局精神文明建设工作与黄河水文文化建设工作安排》，明确了2018年精神文明建设工作总体要求和具体安排。山东省由党委书记挂帅精神文明建设指导委员会，年初制定印发了《山东省水文局机关创建全国文明单位（2018—2020年）工作规划》和《山东省水文局机关创建全国文明单位2018年工作方案》，明确了创建工作指导思想、任务目标和步骤措施，确保创建任务落到实处。新疆维吾尔自治区印发了《2018年水文局精神文明工作要点》，全面部署开展精神文明建设各项工作。

各地水文部门还通过开展守信、守法教育，以争做文明职工、文明家庭、青年文明号、文明水文站、文明处室、文明单位等为载体，开展群众性精神文明创建活动。长江委水文局、黄委宁蒙水文水资源局获评第五届"全国文明单位"；长江委水文局汉江水文水资源勘测局、内蒙古自治区赤峰市水文勘测局、福建省水文水资源勘测局、山东省青岛市水文局、湖北省水文水资源局等8家水文单位获"第八届全国水利文明单位"称号；山西省水文局，吉林省水文水资源局吉林分局、辽源分局，黑龙江省水文局及其牡丹江水文局、佳木斯水文局，江苏省水文水资源勘测局及其8个分局，江西省水文局等多个水文单位获省级文明单位（标兵）或省直机关文明单位称号；安徽省水文局，福建省水文水资源勘测局厦门、莆田、漳州、龙岩、三明和南平水文水资源勘测分局，山东省水文局枣庄市、泰安市和莱芜市水文局等多家单位获市级文明单位称号；长江委水文局中游水文水资源勘测局益阳分局工会被中华全国总工会授予"全国模范职工小家"称号；江苏省水文水资源勘测局局机关团支部被授予"省级机关五四红旗团支部"称号；福建省水环境监测中心荣获"2018—2020 年度福建省直级青年文明号"和"第四届福建省直机关青年五四奖章"荣誉称号，闽江河口水文实验站获"2018—2020 年度福建省直级青年文明号"称号；陕西省绥德水文站荣获"陕西省工人先锋号""陕西好青年集体"称号，陕西省益门镇水文站荣获"陕西省五一巾帼标兵岗"称号；青海省水环境监测中心荣获"全国三八红旗集体"荣誉称号；海南省水文局荣获海南省卫生先进单位（2018—2020 年）。

黑龙江省积极开展志愿服务活动，全省水文系统共开展"友爱互助·暖心龙江"主题学雷锋志愿服务活动 10 余次，200 余名水文职工登录黑龙江志愿服务平台，注册成为志愿者，志愿活动累计服务时长 380 小时。在由共青团中央、中央文明办、民政部、水利部、国家卫生健康委员会等共同举办的第四届中国青年志愿服务项目大赛暨 2018 年志愿服务交流会上，江西省水文局作为骨干力量推动的"我是河小青 生态江西行"活动斩获金奖。海南省水文作品《琴瑟和鸣铸忠诚》荣获全省学习宣传贯彻党的十九大精神基层宣讲微视频二等奖。

随着精神文明建设的不断深入，全国水文系统涌现出许多先进典型。江苏省陈磊荣获"全国五一劳动奖章"并获第二届"江苏最美水利人"荣誉称号（图2-17）；浙江省胡永成荣获 2018 年享受国务院颁发政府特殊津贴；河北省李书光，江苏省王江，浙江省陈金浩，湖北省伍勇，湖南省关向婷、张霞等 6 名水文职工荣获"第十届全国水利技能大奖"；长江委李凯，黄委雷文祥、王堃，北京市赵永宏，河北省李杰，辽宁省马浩，吉林省牛国斌，江苏省钱睿智，浙江省朱志冠，安徽省夏中华，福建省肖琳，湖北省陈攀，湖南省莫远筠、吴尚，广东省孔俊文、谢志锋，云南省朱恩虎，西藏自治区普准码，宁夏回族自治区蒙毅民等 19 名水文职工荣获"第十届全国水利技术能手"称号；湖南省李国庆，海南省庞书智、李瑞兰夫妇荣获水利部第一届"最美水利人"荣誉称号，水利部松辽水利委员会（简称松辽委）任宝学、黑龙江省惠兆才获"最美水利人"

提名奖；海南省李祖仁荣获海南省第一届"最美水务人"荣誉称号；江苏省张云荣获"江苏省五一劳动奖章"荣誉称号；吉林省墒情监测中心姜波荣获"吉林省三八红旗手"荣誉称号；重庆市谭波、李庆波被评为首届重庆基层水利实干家；广西壮族自治区莫建英被表彰为"广西勤廉先进个人"；天津市高桂贤被天津市文明办评为 2018 年 9 月"天津好人"。

图 2-17　江苏水文陈磊荣获"全国五一劳动奖章"

3. 不断加强水文文化建设

黄委完成黄河水文文化发展规划具体安排和年度重点任务编制，印发了《黄委水文局（机关）岗位行为规范》，进一步完善黄河水文制度文化体系；启动水文站开放日活动，首批以兰州、花园口、泺口 3 个水文站为试点示范窗口，向社会公众展示黄河水文业务，广泛凝聚全流域"知水、懂水、节水"和"亲河、爱河、护河"的强大力量。珠江委推广"一平台两展馆"模式，完成百色水库水文站文化建设工作，设置水文站站房标志、大厅背景墙、水文测站简介等展板和标志等 40 余幅；设立展柜丰富南沙基地文化建设；组织青年职工到江门基地开展"爱岗敬业、磨砺青春——争当行业排头兵"主题活动。河北省积极开展水利精神征集及水文文化研究活动，在全省水利思想文化暨政研年会上，做"水文行业精神传承与培育"典型发言。浙江省出台《浙江省水文局水文文化建设实施方案》，开展单位文化建设，提升单位文化内涵和氛围，组织开展水文档案文化资源建设，对全省最早的水文原始档案（水位、流量、含沙量、雨量、含氯度等）进行逐一考证，系统整理后进行电子化扫描，形成水文特色档案。山东省为庆祝改革开放 40 周年，高标准建成近 400m^2 的水文展厅，集中展现山东水文党的建设与业务工作融合发展所取得的辉煌成就和发生的巨大变化。重庆市在人民网—重庆频道搭建"守望初心 把脉江河"专题页面，梳理重庆水文文化，展示水文基层动态，提升水文宣传的引导力和影响力。陕西省启动《陕西水文志》续志工作，开工建设陕西水文博物馆，多方收集水文历史资料及物品达 300 余件。

第三部分

规 划 与 建 设 篇

2018 年，全国水文系统继续加强规划编制工作，不断完善规划体系建设，认真做好项目前期工作，储备了一批建设项目，各地扎实推进水文基础设施建设规划实施，各类建设项目顺利开展，水文能力建设持续加强。

一、规划和前期工作

1. 水文规划编制工作

全国规划方面，水利部积极与国家发展和改革委员会（简称国家发展改革委）沟通协调，配合完成《全国水文基础设施建设规划（2013—2020 年）》中期评估工作，全面总结了规划实施进展和取得的成效，提出了项目调整意见。按照中央财经委员会第三次会议精神和水利部关于水利工程补短板的有关部署，组织全国水文系统编制提出了水文监测预警能力提升工程实施方案和水文基础设施补短板实施方案；为贯彻落实"水利工程补短板，水利行业强监管"新时代水利改革发展总基调，启动了《水文现代化建设规划》编制工作，组织协调并完成规划编制前期项目立项工作；编制印发《潮水位站网规划》。

地方规划方面，水文部门根据各地经济社会发展需求和水文工作实际，组织开展了一批综合规划和专项规划的编制，取得了丰硕成果。长江委水文局组织完成综合站网规划实施方案的编制工作，配合长江委规计局完成了长江流域片流域管理水利综合监测站网管理办法并正式印发。黄委组织开展了《黄河水文发展规划（2018—2025 年）》编制工作，规划围绕新时期水利发展对黄河水文新要求，在全面总结黄河水文发展现状、深入分析存在问题和面临形势的基础上，提出了黄河水文近期和中远期发展目标，明确了构建"八大体系"、建设"三个水文"的规划内容，提出了近期"62项重点工作任务"，规划将作为今后一个时期黄河水文改革发展的指导性文件。河北省编制完成《河北省水文事业发展规划》（送审稿）。吉林省水利厅批复《吉林省水文现代化规划（2016—2020年）》（图3-1）。黑龙江省组织完成《黑龙江省水文基础设施"十三五"规划》《黑龙江省水资源监控能力"十三五"规划》的调整工作。江西省编制完成《江西省水文事业发展规划》，待省发展和改革委员会审查批复，该规划为2018—2035年的江西省水文行业总体规划，包含了《江西省水文站网规划》《江西省水文信息化建设规划》《江西省水文系统人才队伍建设规划》等若干子规划，初步形成了江西省水文规划体系（图3-2）。山东省完成水安全保障总体规划水文项目编制。四川省编制完成《四川省新建水文局水文水资源业务能力建设规划》和《四川省水文局测报中心

图 3-1 吉林省印发《吉林省水文现代化规划》

图 3-2 江西省水文规划体系初步形成

能力建设规划》。青海省启动省水文监测现代化建设实施方案前期工作，任务书通过省水利厅审批，并落实了前期工作经费。

2. 加快推进项目前期工作

2018年，水利部组织各流域管理机构推进《全国水文基础设施建设规划（2013—2020年）》剩余项目的前期工作；组织完成中央直属单位《水资源监

测能力建设工程可行性研究报告》修改，于 12 月通过水利部审查；组织水利部水文水资源监测预报中心完成国家水文数据库建设工程建设方案内容优化调整和可行性研究报告修改完善。7 月，水利部水文司分别组织召开流域管理机构水文项目前期工作推进会和部分省（自治区、直辖市）水文项目前期工作推进会，对规划剩余项目前期工作进展情况进行逐项梳理和论证，对推进前期工作进度、保障前期工作成果质量、加快项目实施等进行安排部署。在实地调研基础上，组织各流域管理机构水文局和设计单位，反复研究论证建设方案，编制完成《大江大河水文监测系统建设工程（二期）可行性研究报告》。

各地水文部门按照统一部署和要求，持续推进大江大河水文监测系统建设工程、水资源监测能力建设工程、跨界河流水文站网第三期建设工程、水文实验站建设等地方项目前期工作。辽宁、安徽、西藏、陕西等 4 个省（自治区）的《大江大河水文监测系统建设工程》项目得到地方发展改革部门或水利部门的批复；安徽、福建、西藏、陕西、甘肃等 5 个省（自治区）的《水资源监测能力建设工程》项目得到地方发展改革部门或水利部门的批复；安徽、福建、云南、陕西、甘肃等 5 个省《水文实验站建设工程》得到批复。通过积极推动前期工作进展，各地均储备了一批水文建设项目。

二、中央投资计划管理

2018 年，国家发展改革委和水利部下达全国水文基础设施建设投资计划 6.1 亿元（中央 4.4 亿元、地方 1.7 亿元），包括大江大河水文监测系统、水资源监测能力建设、跨界河流水文站网第三期建设、水文实验站建设、省界断面水资源监测站网建设（一期）、国家地下水监测工程等项目。年度项目建设任务涵盖以下内容：

（1）大江大河水文监测系统建设项目，主要涉及 4 个流域管理机构和 15 个省（自治区、直辖市）水文站及水位站建设、水位站测流能力建设和仪器设备购置等。

（2）水资源监测能力建设项目，主要包括 8 个省（自治区、直辖市）水质站建设、水质监测（分）中心改建及仪器设备购置等。

（3）跨界河流水文站网第三期建设项目，主要包括 3 个省（自治区）水文站、水位站、水质监测分中心、水情分中心和水文巡测能力建设等。

（4）水文实验站建设项目，主要涉及 4 个省（自治区）新改建水文实验站及仪器设备购置等。

（5）省界断面水资源监测站网建设（一期）项目，主要包括新建流域管理机构的水文站 82 处。

（6）国家地下水监测工程，主要开展国家地下水监测信息节点建设和监测设备购置等。

三、项目建设管理

1. 规范项目建设程序

全国水文系统依据国家基本建设有关制度规定和水利部《水文基础设施项目建设管理办法》《水文设施工程验收管理办法》和《水文设施工程施工规程》（SL 649—2014）、《水文设施工程验收规程》（SL 650—2014）等管理办法和技术规程加强项目建设管理，同时结合各地水文项目建设特点，制定项目管理、财务管理、合同管理、质量管理、验收管理等规章制度。严格执行基建程序，实行项目法人责任制、招标投标制、建设监理制和合同管理制，确保项目从立项、设计、招标、实施全过程的规范化、制度化和程序化。黑龙江省制定印发了《黑龙江省水文基本建设项目建设管理组织机构与制度》，其中包括建设管理组织机构设置、部门与岗位职责、质量与安全管理体系、工作制度、设备采购与验收管理规定、财务管理制度、档案管理制度、文明施工制度、廉政制度和保密制度等，各地市水文分局现场办公室、监理单位和施工单位也依照其职责各自建立了相应的规章制度。贵州省组织编制完成《贵州省水文工程设计变更管理暂行办法》并印发全省水文系统，加强水文工程建设管理，规范设计变更行为，规范项目建设管理。

2. 加强项目建设指导监督

水利部水文司根据水文项目建设特点，多措并举，加强项目建设政策指导和建设推动，积极协调解决项目建设过程中出现的问题，及时反馈指导性意见，推进项目实施；建立项目实施进展台账，按月定期统计有关流域管理机构和省（自治区、直辖市）水文建设投资计划执行情况，针对建设进度滞后的单位采取现场检查、约谈、督办函、电话催促等方式加大督促力度。

各地水文部门结合自身实际，下大力气推进项目建设实施。黄委水文局年初组织召开了 2018 年规划计划与建设管理工作会议，印发水文工程建设管理工作要点，加强招投标管理，全程跟踪掌握各建设项目法人招标工作进展并现场监督评标；提升监督效能，通过基于移动终端的水文工程影像管理系统，动态跟踪施工现场情况；强化在 6 月、9 月、12 月时间节点的督导，规范检查程序等措施，确保关键节点建设进度和支付进度达到时序要求。江西省针对水文项目特点，按照有关法律法规，充分利用有关部门的监督作用，委托各设区市水利工程质量监督机构开展质量巡查，参加各阶段性验收会议，监督工作以工程施工期间的抽查为主，结合现场巡查和质量抽检等方式，定期与不定期相结合地开展质量监督活动和安全检查工作，为工程的顺利开展提供了重要保障。重庆市和贵州省对建设项目实行了旬报管理制度，要求有建设任务的水文分局每 10 天提交建设进度情况表，内容包括投资完成情况、建设进度等，对项目建设情况进行有效管理和监督。云南省通过加强合同管理、严格结算支付程序等手段，使工程进度、质量和投资得到有效控制，同时要求在项目建设过程中，项目所在水文分局的业务人员要全程参与，及时掌握建设运行和设施维修等业务技术。

3. 做好项目验收管理

根据水利部《水文设施工程验收管理办法》（水文〔2014〕248 号）和《水文设施工程验收规程》（SL 650—2014）的要求，全国水文系统组织制定了项目建设工程验收管理规定，使工程验收工作制度化、规范化，保证了工程验收质量。根据年度建设任务和项目实施进度，各地认真制定项目验收工作计划，及时做好项目竣工验收准备，加快开展项目验收工作。

水利部水文司继续推进中小河流水文监测系统项目收尾，建立项目验收工作台账，定期进行跟踪督促。2018 年，青海、云南、天津等省（直辖市）完成了中小河流水文监测系统项目建设竣工验收工作。截至 2018 年年底，全国 7 个流域管理机构和 11 个省（直辖市）完成中小河流水文监测系统项目建设竣工验收工作。

四、国家地下水监测工程

2018 年是国家地下水监测工程建设收官之年和系统运行的开局之年，全国水文系统贯彻落实水利部"边建设、边运行、边发挥工程效益"的安排部署，全力推进完成工程建设任务，切实做好监测系统运行维护和地下水水质监测工作，及时发挥工程效益。

1. 项目建设进展顺利

截至 2018 年年底，国家地下水监测工程建设总体进展顺利。

招标和合同验收方面，各地水文部门精心组织，全部完成了监测井、仪器设备、信息化等各类招标项目共计 220 个；监测井、仪器设备、信息化、高程引测等各项建设项目累计签订合同 261 个，完成验收 246 个，完成率达 94.2%。

站点建设方面，各地水文部门针对建设站点数量多、覆盖范围广、数据通畅率要求高的特点，提出切实可行措施，组织对改建站、新建站的监测设施采购安装，10298个地下水站（井）、仪器设备安装、高程及坐标测量任务已全部完成。

信息服务系统建设方面，各地加快基础软硬件以及统一开发的业务软件在各省、地市级水文分局的部署，并正式运行，已有10293个地下水站数据传至水利部，到报率达99.95%。

单项工程验收方面，各地水文部门及早准备、严格成果提交，截至2018年年底，国家地下水监测工程（水利部分）流域和省级39个单项工程技术预验收全部完成，已完成36个〔7个流域管理机构，29个省（自治区、直辖市）〕单项工程完工验收（图3-3）。完成国家监测中心大楼装修主要工作，水质实验室开始调试运行。

图3-3　国家地下水
监测工程（水利部分）
单项工程完工验收会

2. 项目管理不断规范

高度重视，加大监督检查力度。4月1日，水利部副部长叶建春在2018年全国水文工作会议讲话中强调，各地要在2017年完成监测井建设基础上，全面完成国家地下水监测工程各项建设任务，加快工程验收进度。8月8日，叶建春副部长主持召开推进国家地下水监测工程项目建设有关工作专题办公会，要求进一步加快推进工程建设力度，全面做好单项工程验收工作，确保完成年度工程建设和支付目标。12 月 18 日，水利部、自然资源部国家地下水监测工程项目协调领导小组第五次会议在水利部召开，水利部副部长叶建春和自然资源部副部长凌月明共同主持会议，听取了两部工程法人单位对工程建设进展情况的汇报，审议了《国家地下水监测工程水利部与自然资源部信息共享管理办法》，讨论推进国家地下水监测工程项目相关事宜，两部办公厅联合印发会议纪要。为加强 2018 年国家地下水监测工程建设监督管理，水利部国家地下水监测工程项目建设办公室于 6—8 月派出两个督导组，分别对新疆维吾尔自治区、新疆生产建设兵团（简称新疆兵团）和珠江委、广东省进行实地检查和督促整改。各级项目办强化本级项目管理，按年初制定的进度计划，加快各项建设任务实施，通过任务督导、学习培训、现场检查等，推进开展标段合同验收、技术预验收和完工验收，确保了项目按期高质高效完成。

精心组织，有序开展项目管理。为确保完成年度计划任务，水利部国家地下水监测工程项目建设办公室组织编制了单项工程完工验收实施细则，明确档案验收和技术预验具体要求，在此基础上印发做好单项工程完工验收的通知，明确了完工验收组织程序、验收前有关准备和验收工作内容，并成立技术预验专家组，先行把好技术关。各地水文部门克服时间紧、任务重、人员少的实际困难，落实责任分工，抓紧开展工程建设收尾和各项验收准备工作，发现问题及时处理，并重点加强了地下水站点信息源和业务软件本地化、统一开发业务软件应用以及水质仪器操作培训。

多措并举，强力推进建设进度。针对上半年项目建设进度有所滞后的情况，水利部国家地下水监测工程项目建设办公室把握关键环节，不断强化推动项目建设进度和支付进度。通过召开建设推进会、专题讨论会、中标单位约谈会等形式，加强和推进工程建设进度，严格质量要求。为确保支付进度的落实，水利部国家地下水监测工程项目建设办公室明确专人负责各省级和水利部本级的建设任务，紧盯建设进度，落实每笔资金的支付，发现的问题及时提出应对措施予以解决。各地水文部门加强组织领导，规范财务管理、签订委托管理协议、加快合同付款等，在保障工程质量的同时及时完成支付进度。

3. 运行维护有序开展

水利部党组高度重视国家地下水监测工程监测系统运行维护和地下水水质监测工作。5 月，水利部办公厅印发《关于做好 2018 年国家地下水监测系统运行维护和地下水水质监测工作的通知》（办水文〔2018〕518 号）；8 月，财政部办公厅印发《关于水利部信息中心国家地下水监测工程（水利部分）运行维护与地下水水质监测项目变更政府采购方式的复函》（财办库〔2018〕1246号）。2018 年国家地下水监测工作项目运行维护年度经费新增预算 5000 万元，用于全国 32 个省级单位组织开展 10298 个地下水站（含 100 个地下水水质自动监测站）水位、水温（泉流量）监测以及委托看护工作，3533 个水位、水温（泉流量）监测站监测设备的校测及国家地下监测中心运行维护。针对地下水水质监测任务重、取样难度大的实际情况，水利部水文水资源监测预报中心编写印发《地下水水质监测技术指南（试行）》，指导水质采样和监测工作，各地水文部门采取多种措施，共完成 6836 个地下水监测站 20 项常用指标一次水质监测任务。各地按要求开展了自动监测仪器比测工作，确保仪器自动监测值与人工测量值误差满足技术规范要求。北京市完成 2 次地下水站的人工与自动对比监测，其中第 1 次完成 428 处，第 2 次完成 437 处。天津市在水质取样工作期间同步进行水质自动监测站校测工作，成效良好。

第四部分

水文站网篇

2018 年，全国水文系统通过调整和充实水文站点、强化水文站网规划和水文统计、规范测站管理、推进站网管理系统建设，水文站网布局不断优化，测站整体功能不断完善，基础设施及装备水平稳步提升，为水文工作开展奠定坚实基础。

一、水文站网稳步发展

截至 2018 年年底，全国水文系统共有各类水文测站 121097 处，包括国家基本水文站 3154 处、专用水文站 4099 处、水位站 13625 处、雨量站 55413 处、蒸发站 19 处、地下水站 26550 处、水质站 14286 处、墒情站 3908 处、实验站 43 处。与上一年度相比，水文测站总数增加 7852 处，增幅 7%。向县级以上防汛抗旱指挥部门报送水文信息的各类报汛站 66439 处，可发布预报站 1887 处，可发布预警站 1390 处。全国水文基础设施建设持续推进，大江大河水文监测系统建设工程、水资源监测能力建设工程、省界断面水文监测站网建设等项目继续实施，新建改建了一批水文测站、水文监测中心和部分水文业务系统。同时，中小河流水文监测系统项目建设站点全部投入运行，历时三年建设周期的国家地下水监测工程全面完成建设任务，充实完善了水文站网，提升了水文监测能力。

国家基本水文站作为骨干站网保持基本稳定，共有 3154 处，其中，水文部门管理的国家基本水文站有 3074 处，非水文部门管理的有 80 处。专用水文站有 4099 处，近几年随着中小河流水文监测系统项目的建设完成逐年增加。

水位站有 13625 处，与上一年相比基本保持稳定，雨量站有 55413 处，较上一年增加 936 处，水位站和雨量站监测自动化程度不断提高，基本实现了全面自动监测。水文站网从对大江大河的控制延伸到了对有防洪任务的重要中小河流的覆盖，对水文情势的监控能力不断提升。

水质监测工作进一步加强，全国已基本建成覆盖中央、流域、省级和地市级共 332 个水质监测（分）中心组成的水质监测体系，监测范围覆盖全国主要江河湖库和重点地区地下水，全国重要江河湖泊水功能区监测覆盖率基本达到 100%，省界断面监测实现全覆盖，水生态监测范围持续扩展，共有 375 处水质站开展水生态监测。

地下水站网稳定发展，在 26550 处地下水站中，浅层地下水站有 21474 处，深层地下水站有 5076 处，其中包括国家地下水监测工程建设的 10298 处地下水站。地下水站主要布设在全国主要平原、盆地等地下水开发利用区，以及地下水水源地、超采区、海水入侵区、生态脆弱区等重点区域。

水文自动化、现代化建设稳步推进，有 1616 处水文站建设了在线测流系统，有 3059 处水文测站配备了视频监控系统。截至 2018 年年底，全国水文系统共装备无人机 140 架、多波束测深仪 139 台、双频回声仪 81 台，这些先进装备除了在水文应急监测中发挥突出作用外，也逐渐应用到日常水文测量、测验中，水文自动监测能力逐步提升。地表水水质在线自动监测也在迅速发展，部分省界区域和地表水水源地实现了水质在线自动监测，现有独立的水质自动监测站点 325 处，自动监测项目涵盖水温、pH 值、电导率、溶解氧、浊度、氨氮、高锰酸盐指数、化学需氧量、叶绿素、磷酸盐等。

二、强化站网基础工作

1. 站网规划

为进一步完善沿海地区水文站网监测体系，加强洪涝、干旱、台风风暴潮灾害监测预警，服务沿海水资源管理和生态文明建设，支撑区域经济社会发展，依据《全国水文事业发展规划》总体布局，水利部组织编制完成并印发了《潮水位站网规划》（图4-1），针对沿海地区感潮河段、河口及濒海区域，提出水文站（潮流量站）、水位站（潮位站）站网的总体布局和区域布局、规划成果及测站典型配置，以潮水位和潮流量监测为重点，兼顾泥沙、水质、盐度、水温、辅助气象和水生态等要素，补充完善沿海地区感潮河段、河口和

图4-1　水利部关于印发潮水位站网规划的通知

滨海区域的水文监测站网，规划水平年内共规划水文测站672处，包括水文站217处、水位站437处、其他站点（近海浮标台站）18处，其中利用现有测站431处、新建测站241处，实现对沿海11个省份和7个流域管理机构200km² 以上入海河流水文测站布设全覆盖，为沿海地区防汛防台、水资源管理、水安全保障、水生态保护以及水科学研究等提供基础依据。

各地水文部门推进开展站网规划工作，从布局优化、功能提升上进一步做好水文站网的顶层设计。吉林省完成了水文现代化规划、防汛抗旱水利提升工程站网规划，优化站网布局和功能，并针对土壤墒情监测站点建设开展了吉林省西部墒情监测代表性分析研究，通过研究墒情站设站原则以及不同地形地貌条件下土壤含水量转换关系，为墒情自动监测站建设提供科学依据，基本解决了当前按行政区划布设土壤墒情监测站点造成代表性不强的问题。《黑龙江省地下水监测站网建设规划》得到了黑龙江省水利厅的批复。上海市启动了《上海市水文站网规划（2018—2035年）》编制工作，推进完善水文站网规划体系。《江西省水文站网规划》得到了江西省水利厅的批复，对规划中近期实施内容组织进行相关实施方案编制；依据相关法规和技术要求，优化调整国家基本水

文站网，完成86处水文站的确权登记工作，依法保护水文测站及水文监测设施。湖南省编制了全省水文站网分析报告，从站网分布、站网密度和优化调整情况等方面进行分析研究，提出主要分析成果。广西壮族自治区完成地方标准《水文水资源监测站网布设技术导则》编制工作，并通过自治区市场监督管理局评审。云南省基本完成全省水文站网功能评价与调整规划工作，形成了《云南省水文站网现状调查报告》等两个主题报告及《云南省水文站受涉水工程影响分析报告》等三个专题报告等成果，全面清理了云南省水文站网在站类设置、功能定位、区域布局、服务目标等方面的结构性矛盾，为水文监测改革及后续站网分级分类管理提供了科学指导。

2. 水文统计

为做好水文行业统计工作，水利部组织对2018年备案到期的《全国水文情况统计报表制度》进行了重新备案。结合水文工作实际组织对水文行业统计指标进行了修改、补充、删减和优化调整，重点增加了水文新仪器设备设施应用情况，形成新的《全国水文情况统计调查制度》，继续在国家统计局进行备案管理（国统办函〔2018〕349号）（图4-2）。结合全国水文站网管理系统建设，将"水文统计年报网上填报系统"进行整合，作为全国水文站网管理系统的"水文统计年报"模块，优化了填报功能，方便了统计工作开展，提高了统计效率。10月，在北京组织举办了全国水文情况统计调查制度专题培训，就新修订的《全国水文情况统计调查制度》进行统一学习，邀请系统开发人员对水文统计年报功能模块进行技术培训。

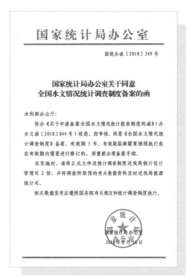

图4-2 国家统计局办公室关于同意全国水文情况调查制度备案的函

在全国水文系统的共同努力下，编制完成《2018年全国水文统计年报》，实现了年度行业统计工作在次年 1 月完成，较往年提前了 1 个月。

各地水文部门逐步加深了对依法开展水文统计工作的认识，水文行业统计得到重视。海委完成年度海河流域水文统计年报，系统反映了海河流域水文事业发展状况，为开展流域水文行业管理、制订水文发展战略、指导水文现代化建设等提供参考。河北省发布年度全省各类水文站网统计表，形成了年报制度，于每年 12 月发布当年全省水文站网基本情况通报，供各单位参考使用。浙江省依托全省水文测站运行管理平台开展统计工作，各市、县在平台填报统计数据，市级、省级通过平台汇总，方便各级检查审核，提高了统计效率。新疆维吾尔自治区举办全疆水文系统调查统计制度培训班，各水文统计负责人、填报人参加了培训，规范了统计行为，切实提高了统计质量。

三、规范水文站网管理

1. 规范测站管理

全国水文系统持续加强水文站网管理工作，提升测站规范化、科学化管理水平。水利部印发了《国家基本水文站名录》，推进水文测站管理从"有名"到"有实"转变，为维护国家基本水文测站稳定运行提供依据。为强化水文站网整体功能，推进测站分类分级管理，水利部印发通知，部署开展将部分满足条件的专用水文测站纳入国家基本水文站网管理工作，进一步优化充实国家基本水文站网。

长江委、珠江委等流域管理机构和北京、山西、江苏等省（直辖市）水文部门完善水文测站管理的相关制度建设。长江委提高精细化管理意识，加强调研和前瞻性分析，发表了《巡测模式下的水文测站精细化管理》研究成果，分析了巡测模式下精细化管理的技术背景，提出了工作内容和主要实现路径。珠江委编制了《珠江委水文局水文测站管理办法（试行）》，完善内部制度建设，促进测站管理规范化。北京市起草并上报了《北京市水文站网管理办法（试行）》，拟进一步明确水文测站规划、设立、调整等管理权限以及实际操作中的技术方案要求。山西省制定并完善了站容站貌管理、测站考核办法等测站管理相关制度，使测站管理工作有规可依、有章可循。江苏省编制完成《水文测站规范化管理基本要求及试点单位规范化管理试点方案》《江苏省基本水文测站精细化管理工作方案》，完成试点水文测站测验环境标准化改造项目实施方案并得到水利厅的批复，试点的水文测站建设任务有序推进；印发了《江苏省地下水自动监测站运行管理办法（试行）》，进一步加强地下水自动监测站运行管理，发挥地下水监测工程效益。

浙江、安徽、江西、湖北、广东、云南、宁夏等省（自治区）持续推进水文测站标准化管理创建工作。浙江省基本完成水文测站标准化管理创建任务，截至 2018 年年底，经过 3 年的标准化管理创建，全省累计完成水文测站创建任务 674 个，占全省水文测站工程名录数的 97.1%，形成了以地方标准《水文测站运行管理规范》（DB33/T 2084—2017）为遵循、《浙江省水文测站运行管理手册》为创建指南、浙江省水文测站标准化运行管理平台为监督手段、《浙江省水文测站标准化管理验收办法》为考核指标的标准化管理体系。浙江省采用分级投入、统筹监管的方式，建立全省水文测站分级责任管理目录，对全省 1650 多个遥测站点进行分类分级管理，有力保证了全省水文遥测信息及时、可靠、准确、完整上报。安徽省推进水文测站标准化建设，在摸索部分测站标准化建设和调研其他省份做法的基础上，不断完善《安徽省水文测站标准化建设管理办法》。江西省开展省级示范试点的坝上水文站、上沙兰水文站标准化管理作为一级标准创建工作试点（图 4-3），同时启动了地市级示范试点的峡山、赛塘、上高、石镇街、娄家村、万家埠、虬津、虎山、棠荫等水文站的标准化管理，制定了全省水文站标准化管理工作考核制度，对 11 个试点水文站的考核均达到一级创建标准。湖北省切实加强水文测站规范化管理，持续推进测站规范化建设，做到水文站点规范化管理全覆盖，加强

图 4-3　江西上沙兰水文站标准化建设

测站站务管理、巡检看护管理，提升管理信息化水平，并开展专项检查。广东省开展全省站网工作摸底调查，在此基础上启动广东省水文测站达标建设，编制印发《水文测站达标建设方案》，方案以国家基本水文（位）站为对象，包括水文站 77 处、水位站 92 处，根据"一站一策"方案，重点对测站公共场所、办公用房、设备用房、观测场、缆道设施、水位自记台及水尺等 7 类基础设施进行达标建设，截至 2018 年年底，完成 20 个示范水文测站的建设任务，同时配套出台了《水文测站达标建设管理工作要求》《广东省水文测站日常管理指引》，对水文测站达标建设过程的内控管理和水文测站日常规范管理、台账记录等做出具体要求。云南省开展了首批 29 个国家基本水文站的测站规范化管理工作，主要从水文测站管理制度、管理台账、档案资料保管、标识标牌等方面进行统一要求，为全面实施测站规范化管理起到了示范作用。重庆市更新了《重庆市国家基本水文站管辖表》，明确了市局管辖的 1053 处水文测站和各区县水文机构管辖的 3873 处水文测站的管理范围。宁夏回族自治区把美丽水文站建设融入"美丽乡村"建设，加强测站文化建设，更新宣传栏、宣传标语，开展站区环境治理和绿化美化亮化工作，改善基层职工工作生活条件。

2. 推进站网管理系统建设

2018 年 9 月，水利部水文司在江西南昌召开了水文站网管理系统建设工作会议，要求各单位在前期系统建设基础上，分两个阶段更新完善系统基础信息，第一阶段全面核实和补充目前系统中已有的各类测站基础信息，重点对已发现重复和错误的信息进行更正；第二阶段录入尚未进入系统的各类水文测站基础信息。通过对各类水文测站基础信息的梳理和补充完善，规范水文测站管理，提升站网管理信息化现代化水平，服务水利中心工作。各单位按照会议要求，明确专人负责、制定工作方案，切实把对水文测站基础信息的管理落实到位。

各地水文部门积极推进水文站网管理系统建设。福建省完成全省水文站网监测综合信息管理平台（一期）建设，基本实现水文测站基础信息的计算机管理，构建了省局、分局、测站三级信息通道，目前该平台已在全省54处国家基本水文站投入试运行。江西省基本完成了水文站网管理系统开发，通过该系统将实现对水文站网的分类分级管理、水文统计、与全国水文站网管理系统对接等功能。云南省启动了水文站网管理信息系统建设工作，组织开发相关功能模块软件。广东省积极开展水文站网业务系统前期工作，调研了解其他部门的业务系统，结合本单位相关系统开发情况，初步拟订了本省水文站网业务系统的基础架构。太湖局等流域管理机构和辽宁、吉林、江苏、湖南等省水文部门根据业务工作需要进一步完善本单位的水文站网管理系统，规范水文测站基础信息管理工作。

第五部分

水文监测篇

　　2018 年，全国水文系统全面深化水文监测改革，监测方式进一步优化，测报能力稳步提高，水文资料整编时效取得历史性突破。在做好水文测报工作的同时，水文部门积极开展安全生产学习，提高安全生产意识、强化安全生产措施，圆满完成水文监测及多项突发水事件应急测报工作，为金沙江和雅鲁藏布江堰塞湖应急处置和保障下游人民生命财产安全做出了突出贡献。

一、水文测报工作

1. 汛前准备工作做得早、做得细

　　水利部党组高度重视水文测报汛前准备工作，鄂竟平部长主持召开专题办公会议，专门听取水利部水文司关于水文测报有关工作的汇报。针对 2018 年我国气候年景总体偏差的长期预测、国家机构改革特殊时期和北方多地新建水文基础设施未经历大洪水检验等问题，全国水文系统全力以赴做好各项汛前准备工作。1 月，水利部印发《关于做好 2018 年水文测报汛前准备工作的通知》（水文技函〔2018〕6 号），3 月下旬至 5 月，先后派出 7 个检查组，采取现场查看、操作演练、资料查阅、座谈反馈等方式，有针对性地对七大流域的重点地区进行水文测报汛前检查。6 月，水利部印发《关于做好 2018 年水文测报和安全生产工作的通知》（办水文〔2018〕84 号），要求各地举一反三、立查立改，按照部党组的部署要求，分三个组对海河、松辽流域和华北地区进行了再检查再落实。

　　各地水文部门早部署、早安排，由各级领导带队，对基层水文测站的水文

测报汛前准备和安全生产进行了全覆盖专项检查和现场抽查，对检查中发现的问题，及时跟踪落实整改，较好完成了各项汛前准备工作。长江委、黄委、珠江委等流域管理机构和河北、吉林、黑龙江、江苏、福建、河南、湖南、海南、陕西、甘肃、新疆等省（自治区）水文部门组织检查组深入全流域或区域各水文勘测队和水文测站进行汛前检查，本着"抓早、抓实、抓好"原则，要求各单位克服侥幸心理，通过自检自查方式，发现问题、找出隐患、及时整改，做到"思想、技术、组织、物资、安全"五落实。许多地方还组建了洪水测验督导组，各地市水文分局相应成立汛期机动测洪预备队，制定完善《洪水测报方案》《抗洪抢险应急预案》和《突发事件应急预案》等，确保安全度汛。

2. 组织水文测报工作，圆满完成测报任务

2018 年，全国降水总体偏多，汛期全国平均降水量 534mm，较常年同期偏多 1 成，多地暴雨突破历史极值，面对严峻的防汛形势，全国水文系统高度关注主汛期天气形势和雨水情变化，细化组织水文测报工作。7 月 10 日，水利部水文司会同水文水资源监测预报中心召开全国水文测报工作视频会议，传达贯彻部长专题办公会议对水文测报工作的要求，部署全国水文系统全力做好防汛水文监测预报预警工作。根据海河流域可能发生大洪水的中长期预测预报，水利部水文司有针对性地组织对北方地区水文测报薄弱环节进行了全面梳理分析，在"七下八上"的防汛关键节点，专门召开海河流域水文测报工作讨论会，就进一步做好海河流域防汛水文测报工作进行了再部署。

各地水文部门扎实开展水文测报工作，严格按照水文测验技术规范，加强水文测验质量管理，完成年度各项测报任务。长江委、黄委、松辽委、珠江委等流域管理机构和福建、广东、广西、四川等省（自治区）水文部门全力以赴，科学应对、超前部署、加密监测、密切注视水雨情变化，完整监测记录降雨、洪水过程，为各级防汛抗旱指挥调度决策及时提供测报信息。经统计，黄委 6 月 1 日至 10 月 20 日，在黄河干、支流各水文站共施测流量 6073 次、施测单沙 23721 次、施测输沙率 648 次，各水文站的水位过程控制完整，流量过程控制良好，洪峰流量平均控制幅度在 98% 以上；含沙量过程控制良好，输沙率测验满足输沙量计算要求。广西壮族自治区共派出应急监测组 178 个、应急监测 1438 次并实时报送流量信息，全年超警水文（位）站应急监测率达 95.8%，为准确开展水情预警预报提供了有力支撑（图 5-1）。

图 5-1 广西壮族自治区应急监测队员在洪水漫过的桥梁上抢测洪峰流量

3. 深入推进水文监测改革

全国水文系统全面推进水文监测改革，在常规水文测验基础上，优化水文监测方式，加快推进自动监测和水文巡测。四川省组织 18 个地市水文局编制完成水文巡测改革实施方案，在此基础上完成了《四川省水文巡测改革总体方案》，进一步明确了省水文局、地市水文局、水文测报中心和水文测站的职能职责，全省除 18 个国家基本水文站继续实行驻测外，全面实行以新划定的 57 个测报中心为基本单元的巡测管理新模式；在应对"10·11"金沙江白格堰塞湖应急处置事件中，事发所在地最近的巡测中心是第一支到达现场并开展工作的应急抢险救灾队伍，充分体现了"反应迅速、灵活机动、应急补充、协同应对"水文巡测管理机制的优势。北京市水文巡测软件模块经 2018 年试运行后正式投入使用，通过该软件模块，既量化了巡测任务，建立了水文巡测及测验标准化流程，又实现了测验工作与整编工作之间的闭环，做到巡测与运维结合、数据与自动化系统关联、成果与整编系统融合，工作和数据全部实现溯源管理，既满足了业务监督和管理考核的要求，也进一步提高现场测验效率和测验质量。河北省建立了以 35 个水文测区为单元的水文业务管理模式，确立了省、地市、区域水文测报中心三级的全省水文管理体系。江苏省稳步推进以流量自动监测为重点的测报方式改革，截至 2018 年年底，已批复全省在线流量监测 40 处，强化全省 14 个城区监测中心和 26 个县级监测中心建设，基本建立了"分局管中心、中心管测站"的生产管理组织机制。福建省将全省划分为 46 个水文测区，在每个测区建立一个勘测队，实行省局、地市分局、勘测队和测站的四级管理模式，依托已建巡测基地或城区水文站建立水文勘测队，将测区内主要技术力量集中在水文勘测队，对测区内其他水文站点实施巡测，实现从单站管理向多站集中管理的转变，从驻站监测向驻测、巡测、遥测和购买社会服务相结合的转变（图 5-2）。安徽、江西、山东、重庆等省（直辖市）水文部门把推进水文监测改革作为一项重要工作，结合各地实际情况，相继制定印发了《水文监测方式改革实施方案》。

图 5-2　福建省三明
水文遥测控制中心

二、水文应急监测

全国水文系统进一步加强应对突发水事件处置的测报工作，建立健全水文应急监测队伍建设，积极开展水文应急监测演练，提升水文应急监测能力，有效应对突发水事件。在应对金沙江白格堰塞湖、雅鲁藏布江堰塞湖等重大突发水事件的应急监测工作中贡献突出、成绩斐然，得到社会各界一致赞许，扩大了水文的社会影响力。

1. 开展水文应急监测演练

各地水文部门积极组织开展内容丰富、形式多样的应急演练。长江委在南京举行 2018 年长江下游溃口水文应急监测演练，具有监测项目多、新仪器新设备应用多、合作部门多、参与人员多等特点，参加演练各方服从统一指挥，相互配合、反应迅速，水、陆、空"三位一体"同步推进，取得圆满成功。黄委成功举行 2018 年水文应急监测演练，演练分为布设监测断面、监测水位、监测流量、测量断面、测量口门附近地形及数据处理、传输水情等 6 个科目进行，与往年相比，扩展了水文要素应急监测方式，增加了无人机测流、浮标法和比降面积法测流，并对监测数据进行了比对分析。淮委在淮河干流蚌埠闸下游开展水文应急监测演练，练习遥控船搭载 ADCP 组装操作、全站仪大断面测量、极坐标法全站仪浮标测流等，并对省界断面新建工程（一期）项目采购的仪器设备进行培训和现场检验。松辽委在黑河市卡伦山水文站开展 2018 年水文应急监测演练，检验水文应急监测方案的可靠性与有效性，熟练掌握新技术新装备的应用，提高应急组织指挥和各部门协调配合能力，锻炼水文应急监测队伍，提高应急监测能力和水平。湖北省水文水资源应急监测中心赴汉江兴隆水利枢纽参加 2018 年湖北省防汛抗旱军地联合演练；全年共组织各级水文应急监测队开展了 22 次应急演练，对水文应急预案、人员队伍、组织协调、仪器设备、技术保障等进行应急实战检验。重庆市在东泉水文站开展水文应急测报演练，模拟突发性大暴雨诱发山体滑坡阻塞河道形成堰塞湖,开展堰塞湖水文应急测报工作,为做好堰塞湖处置及抢险救灾的水文应急测报工作积累经验(图5-3)。广西壮族自治区针对流域和区域2018年入汛以来暴雨台风多发态势,组织全区11个水文分局开展以新技术运用为主的应急演练,演练效果明显。

图5-3　重庆市水文应急测报演练现场

2.完成突发水事件水文测报工作

2018年10月10日至11月3日期间,金沙江、雅鲁藏布江连续发生4次堰塞湖事件,其中金沙江上游川藏交界处因山体滑坡分别于10月10日和11月3日2次形成堰塞湖,最大蓄水量分别为2.9亿 m^3 、5.8亿 m^3 ,最大溃决洪水流量31000 m^3/s ,造成金沙江叶巴滩至奔子栏江段流量超历史;西藏雅鲁藏布江下游因冰川崩塌泥石流分别于10月17日和10月29日2次形成堰塞湖,最大蓄水量分别为6.0亿 m^3 、3.2亿 m^3 ,最大溃决洪水流量32000 m^3/s ,造成雅鲁藏布江墨脱县德兴江段流量超历史。长江委和四川、西藏、云南等省(自治区)水文部门发扬担当奉献精神,主动作为,不畏艰险、连续作战,全力投入水文应急监测工作,为堰塞湖应急处置和保障下游人民生命财产安全做出了突出贡献(图5-4~图5-6)。

在金沙江白格堰塞湖事件发生后,长江委迅速响应,启动水文应急监测工作部署,编制"一站一策"应急监测方案,紧急调拨应急监测设备,派出1个

图 5-4　水利部副部长叶建春、长江委水文局局长王俊在金沙江白格堰塞坝体进行实地查勘

图 5-5　金沙江白格堰塞湖应急监测设施安装现场

图 5-6　金沙江白格堰塞湖高洪测量

专家组和 7 个现场监测组，落实应急监测方案和准备措施，在堰塞湖上下游 700km 的战线上布控 7 个监测断面，先后投入无人机、测流测速等设备 80 余套，后方技术支撑部门加强应急值守，滚动加密组织堰塞湖溃坝洪水分析和预报会商，面对罕见的超历史洪水，近百名长江委水文职工与洪水赛跑，成功抢测到超万年一遇的洪水过程。四川省在发生堰塞湖灾情后及时启动应急响应，成立应急指挥部并派出应急监测队赶赴现场，应急监测队员在道路中断情况下携带设备，昼夜兼程，徒步在高海拔地区艰难跋涉数小时赶到目的地，迅速开展堰塞体坝前水位实时监测，及时采集到第一手数据，为抢险救灾提供了重要决策依据。西藏自治区水文应急监测组第一时间前往现场，开展波罗等堰塞体上下游湖区 5 个站点的应急监测和报汛工作，并与长江委、四川省及云南省水文部门建立水情共享机制，加强水情监测与研判，先后提供《水情快报》40 期。云南省先后投入野外测量及后方应急分析值守人员 250 余人，发布洪水预报预警 11 期，完成了堰塞湖引起的"千年一遇"下游洪水水文测报任务。

在雅鲁藏布江堰塞湖险情发生后，西藏自治区水利厅和防汛抗旱指挥部办公室及时启动Ⅲ级应急响应，自治区水文局及时启动水文应急响应，组建堰塞湖水文监测组和水文分析组，编制《雅鲁藏布江米林堰塞湖水文测报方案》，调动林芝水文分局组织应急监测工作组第一时间赶赴现场建立临时水位站，开展应急监测和洪水调查，迅速与水利部、长江委和印度相关部门建立水文共享机制，提供《水情汇报》9 期、《水情快报》50 期，向印度报送水情 101 份，出色完成应急监测任务。

此外，在应对水库出险等突发水事件中，各地水文部门密切跟踪，开展应急测报和数据调查分析，发挥了水文应急监测快速响应作用。7 月 19 日，内蒙古巴彦淖尔市乌苏图勒河超百年大洪水，增隆昌水库副坝决口，自治区水文部门及时启动应急预案，抢测暴雨洪水，组织开展洪水调查，为突发事件处置和灾害调查等提供了宝贵资料。甘肃省积极响应突发水事件，迅速有效开展了舟曲南峪滑坡重大险情应急抢险水文监测。新疆维吾尔自治区哈密射月沟水库"7·31"漫顶溃坝事件发生后，自治区水文局迅速响应，组织应急工作组赶赴现场开展洪水调查，第一时间完成并提交了洪水调查报告。

三、水文监测管理

1.加强水文测验成果质量管理

全国水文系统认真抓好水文监测质量管理工作，完善水文监测质量管理体系，持续提升资料成果的时效性和可靠性，为保障水文测验和资料整编质量奠定了基础。天津市制定了《天津市水文测验质量检查评定工作要求》，通过督导检查和自查，对发现的问题提出整改方案，切实整改，确保水文测验成果质量。山西省制定了《山西省水文测验与资料整编质量检查评定办法》《水文测站管理制度汇编》《山西省水文测验设施设备管理办法》，8月下旬开始，开展全省 2018 年水文资料整编及 2017 年水文测验质量大检查，发现问题及时整改。辽宁省组织编制《"水文测验质量提高年"工作方案》《水文测验操作规程》及流程图，组织开展全省水文站泥沙测验、水准点标准化建设等工作，并组建了 4 个检查组开展全省水文测验质量检查评定工作，以此为契机全面梳理问题清单，扎实整改。内蒙古、江苏、山东、河南、湖北等省（自治区）水文部门纷纷开展了相关水文监测质量自查评定工作，以形式多样的管理方式提升水文监测成果质量。

10—11 月，水利部水文司组织 17 个专家组对全国 31 个流域管理机构和省（自治区、直辖市）水文部门的国家基本水文测站、中小河流建设的专用水文测站的测验管理和测验成果质量进行了检查评定，评定内容包括汛前准备及检查工作部署、应急演练组织、水文测验标准贯彻执行、业务培训、测站任务书、水文测报方案、水文测验质量管理办法、应急监测预案、设施设备管理和安全生产管理等。12 月，水利部水文司组织召开了水文测验成果质量审定会，对各检查组汇交的各单位测验成果质量评定结果进行集中审定，查找各单位存在的突出问题，研定解决方案，并印发了《关于 2018 年水文测验质量检查评定结果的通报》，以"一省一单"的形式，督促各单位针对测验质量检查中发现的问题进行落实整改。

2. 推进新技术新仪器应用研究和示范

各地水文部门结合实际需求，积极开展新型水文监测设备及技术应用研究，以试点示范应用为基础进行推广，推进水文监测设施设备和监测技术的现代化。

黄委编制完成《声学多普勒垂线流速法流量测验技术操作规程（试行）》《微波流速仪连续走航式流量测验技术操作规程（试行）》《应用随机森林模型和水深代表垂线法确定变动河床洪水断面技术指导意见》等 3 项技术操作规程，做好对新技术成果应用推广的指导、评估及审查；在民和水文站建成了"7+1"水文全要素自动在线监测样板站（图 5-7）；在 28 处国家重要水文站开展了不同型号 ADCP 应用比测试验，有 17 处水文站已投入使用，其中，宁蒙水文水资源局、山东水文水资源局全部干流站正式投入使用，并在 2018 年长历时大流量洪水测报中发挥了重要作用；咸阳、小浪底等 9 处水文站雷达流量在线监测系统建成使用；兰州水文站和花园口水文站率先建成国产侧扫雷达测流系统；

图 5-7 民和水文站"7+1"水文全要素自动在线监测

5 台 PHZDF-01 型全自动数字蒸发仪分别在咸阳、河津、三门峡、社棠、贾桥等 5 处水文站试运行；宁蒙测区采用无人机开展河道巡测、测验设施安全检查，取得较好的效果；SSZ 超声波测深仪已在各站投入正式使用，运行情况良好；使用手持 GNSS 高精度定位仪进行起点距定位，逐步取代了断面起点距标志索、标识牌；宁夏回族自治区水文水资源勘测局建成了覆盖全测区的水文全要素自动测控中心，为实现黄河水文"有人看管、无人值守"的测验新模式提供了样板。松辽委黑龙江中游水文监测中心经反复研究和试验，初步完成了可移动的竖直升降钻冰设备、冰面清冰凌设备和测流工作平台的研发制造（图 5-8），并向国家知识产权局申请了"一种可移动的竖直升降钻冰设备"和"一种用于冰面清冰凌的设备" 2 项专利，目前国家知识产权局已发放"授予实用新型专

（a）可移动竖直升降钻冰设备 （b）可移动冰面清冰凌设备

（c）可移动测流工作平台

图 5-8 松辽委黑龙江中游水文监测中心新技术新仪器研究成果

利权通知书"。珠江委在右江鱼梁航运枢纽应用自行研发的射频（RFID）跟踪系统对鱼道中的鱼类进行监测，获取了鱼类上溯时间、克流速度及滞留历时等行为学参数，取得了突破性成果。福建省开展远程智能缆道测流系统试点工作，南平水文水资源勘测分局麻沙水文站远程智能缆道测流系统全年完成流量测验12次；三明水文水资源勘测分局沙县、尤溪、泰宁等3处水文站基本完成远程智能缆道测流系统建设；南平水文水资源勘测分局"缆道加油装置"获得国家知识产权局授予的实用新型专利证书。江西省推进泥沙自动监测设备的试验，除西江高要水文站、三角洲马口水文站的OBS泥沙自动监测设备外，还增加了韩江潮安水文站的OBS设备和武江犁市水文站的TES-71泥沙测量仪试验工作，持续对不同设备在各种水文情势下的适应性进行探索研究。山东省烟台市水文局全力研发便携式移动测流装置，获得国家知识产权局授予的实用新型专利证书，并大量投入使用，在此基础上进行二代研发。河南省在雨雪量一体化自动监测和水面蒸发自动监测方面进行了大量研究，2018年共获得实用新型专利5项。广东省持续推动全省H-ADCP等在线测流系统的普及应用，截至2018年年底，全省共有35处基本水文站安装了H-ADCP，其中以H-ADCP为主要测流方式的基本水文站达25处；引进12台搭载GPS罗经的变频ADCP并正式投入使用，进一步提高洪水期间高含沙量下走航式ADCP的流量测验效率和精度。

3. 持续推进水文计量工作

各地水文部门积极开展水文计量器具档案建设工作，加强水文计量检定能力建设。山东省组织起草了《关于加强水文仪器计量检定工作的实施意见》，建立了全省水文工作计量器具数据库和信息化管理平台，将仪器设备技术档案纳入平台管理，通过条形码对全省所有仪器进行统一编号，通过平台实现了仪器设备信息的共享和可查询，为全省水文监测设备的维护、查询、管理提供技术支撑；依托山东省水文仪器检定中心项目建设，全力推进适应现代化要求的水文参数试验室建设，扩展水文参数可检测范围，打造水文计量新时代特色，主动服务国家创新发展战略，统筹流速、水位、雨量、测深、流向、声压声强、淋雨等计量检定装置建设，提升整体科技实力和专业计量技术水平；水文仪器检定中心 2018 年共完成仪器检定 1915 架次，主要包括转子式流速仪、海流计、流速流向仪、测深仪、电波流速仪、ADCP 等，业务范围覆盖 20 余个省（自治区、直辖市），涉及水利水文、气象、环保、海洋、国土等多个行业部门。西藏自治区 2018 年对 91 部不同类型的流速仪（LS25-3A、LS10、LS68）进行了检定并在汛前按照各地市水文分局实际需求进行发放；在汛前对各地市水文分局、拉萨水文实验站的全站仪、经纬仪、RTK、水准仪等仪器设备开展检定工作，有力保障了汛期测验工作。

四、水文资料管理

1. 水文资料整编时效取得历史性突破

全国水文系统全面落实 2018 年全国水文工作会议精神，实施水文监测资料整编改革，在广大水文职工的共同努力下，破除传统观念、创新水文资料整编方式，推进测站整编日清月结。各地水文部门按照《水利部办公厅关于做好 2018 年度全国水文资料整编工作的通知》的要求，编制完成流域及地方 2018 年度水文资料整编实施方案，充实水文资料整编人员，做好监测数据"随测、随算、随整理、随分析"，及时完成各类水文监测成果的录入校核，整编资料日清月结，截至 2019 年 1 月 31 日全面完成 2018 年度全国 10 卷 74 册水文资料整编任务，整编数据共计 4282 万字组，差错率为万分之零点五，优于规范规定万分之一的要求，各册成果质量均为优秀，比以往提前 10 个月完成年度资料整编任务，水文资料整编时效性大幅提升，取得历史性突破。

淮委协调流域四省，研究制定《淮河流域水文年鉴资料汇编及验收管理办法（暂行）》，确保流域水文资料整汇编管理工作制度化、规范化，保证了水文年鉴资料整汇编和成果验收工作有序进行。松辽委为进一步提高流域整汇编专业人员的技能和水平，举办松辽流域水文资料整汇编规范培训班，流域四省水文部门 70 余人参加培训。河北省将资料整编改革列为 2018 年的重点工作，出台《水文资料整编工作管理办法（试行）》《关于实行水文监测月报制度的函》，规范工作程序及内容，加强检查指导，全面实现水文资料即时整编。江苏省组织开展资料整编系统 5.0 版培训以及资料整编系统试运行工作，首次采用"在线审查 + 集中审查"的形式组织开展地表水水文资料复审工作。江西省创新水文资料整编思路，优化流程，改进方式，积极开展资料整编的信息化建设，开发完成"江西省在线水文资料整编系统""水文资料在线审查系统"，显著提高了水文资料整编工作信息化水平，为 2018 年度水文资料整编改革的顺利实施提供良好的技术支撑。

2. 水文资料使用管理

全国水文系统不断重视和加强水文资料使用管理。天津市严格规范水文资料管理工作，整编部门完成资料整编之后，档案管理部门第一时间进行装盒、编码、归档、上架、保存，并进一步加强水文信息服务力度，与天津市水利勘测设计院达成水文数据共享合作协议，先后为"天津市主要行洪河道综合治理规划"等项目提供数据支撑。浙江省对近 10 年全省国家基本水文站 75 卷（册）的水文年鉴数据进行了梳理汇总，形成电子数据和文档，工作人员根据需求网上查找申请所需水文资料，水文部门通过电子邮件等方式发送给申请人，实现公众查阅水文资料"跑零次"的目标。山东省修订完善《山东省水文资料管理办法》，进一步明确各地市分局水文资料的管理权限、水文资料有偿服务的具体条款，2018 年度先后向山东省水利勘测设计院等单位的 133 个项目提供水文资料服务 180 余次，发挥了重要作用，充分体现了水文监测资料的应用价值。

第六部分

水情气象服务篇

2018 年，全国年平均降水量 664mm，较常年偏多 6%，共出现 34 次强降雨过程，有 10 个台风登陆我国。长江、黄河、淮河、松花江四大流域共发生 7 次编号洪水，有 454 条河流发生超警洪水，其中 20 条中小河流发生超历史纪录洪水。全国水文系统科学应对、主动作为，以提高预测预报能力和水平为重点，加强信息报送与共享，推进预测预报预警常态化，开展旱情监测评估分析，强化应急测报工作，有效应对了频繁发生的洪旱灾害，为防汛抗旱指挥决策提供了有力支撑，圆满完成了防汛抗旱水情气象服务工作。

一、水情气象服务工作

1. 持续加强信息报送和共享工作

2018 年，各流域管理机构和各省（自治区、直辖市）向水利部报送雨水情信息的各类水文站点总数近 11 万个，其中水库报汛站增至 1.5 万个，大量非报汛站也向水利部进行了信息报送；全年共报送雨水情信息 9.64 亿份，其中吉林、黑龙江、江西、湖南、广东、广西、重庆、四川、云南、甘肃等省（自治区、直辖市）报汛站数均超过 5000 个，基本实现信息全面共享；按照《水利部防御司关于核定大中型水库汛限水位的通知》的要求，完成 4212 座大中型水库汛限水位的核查工作。雨水情分析材料报送日益丰富，各地水文部门向水利部共报送雨水情分析材料 5633 份，有 19 个流域和省（自治区、直辖市）年均报送材料超过 100 份，其中长江委、黄委、珠江委等 3 个流域管理机构和浙江、安徽、广东等 3 个省水文部门年均报送材料超过 300 份，基本实现汛期每日报、非汛期每周报，材料分析深度不断增加，编写质量明显提高。

各地水文部门积极向各级人民政府和防汛部门报送各类水情分析材料等成果。河北省共编写水情简报 1251 期，雨水情快报 1593 期，雨水情阶段性分析 682 期，雨水情月报 80 期，绘制雨量等值线图 300 余幅，并在河北水利官网及省防汛抗旱网、水文信息网等网站发布，向省政府、水利厅、省防汛抗旱指挥部办公室及地市等各级领导发布实时雨水情信息 10.5 万条。黑龙江省向水利部、松辽委、省政府办公厅、省保障中心以及省军区、省武警总队、省公安厅等 15 个部门报送雨水情材料，其中每日水情 120 期、水情简报 53 期、水情通报 30 期、水情预报 76 期等，雨水情邮件 1400 份，各类雨水情短信 19.5 万条。

各地水文部门积极与气象、国土、水工程管理等部门沟通协调，建立信息共享机制，加大信息共享力度。长江委实现了水文与气象部门 19644 个站点的信息共享，为上游水库群联合调度等提供服务；太湖局从气象部门接入了中长期数值降雨预报、数值风场预报信息等；安徽省实现了与气象部门 2344 个站点、国土部门 120 个站点的实时雨量信息共享；广东省水文与气象部门实现了 4448 个雨量站的信息共享。

2.着力提高洪水预报精准度

全国水文系统密切监视雨水情变化，不断加强分析研判，切实提高洪水预测预报水平。水利部水文情报预报中心通过加强水文气象信息共享，逐步形成了每年汛前、主汛期、盛夏、秋汛、今冬明春等 5 次阶段性会商及逐月预测会商的工作模式，利用基于大数据挖掘技术的统计预报模型方法，开展全国主要江河重点控制断面月尺度径流预测，洪旱趋势预测水平不断提高，2018 年汛期雨水情及洪旱趋势预测意见与实况基本相符，为提前部署防汛抗旱工作提供了重要参考。各地水文部门加强信息报送，全力推进落实水文预报常态化，截至 2018 年年底，全国实施预报日常化的单位增至 27 个，发布断面增至 299 个，全年共发布日常化预报 4678 站次，其中，海委、太湖局等流域管理机构和黑龙江、上海、浙江、安徽、山东、云南等省（直辖市）15 个水文部门完成率超过 95%；珠江委等流域管理机构和广西等省（自治区）8 个水文部门在登陆台风影响期间滚动发布 73 个断面 2510 站次预报信息；云南、宁夏等省（自治区）所有中小河流预报信息均报送至水利部。

7 月，黄河上游形成第 1 号洪水（图 6-1），中游支流渭河发生超警洪水，中游干流接近警戒。黄委预报上游干流唐乃亥水文站 7 月 8 日 12 时流量 2500m³/s（实况为 11 时出现 2500m³/s），渭河华县水文站洪峰流量 3500m³/s（实况为 3400m³/s），中游潼关水文站洪峰流量 5000m³/s（实况为 4620m³/s），准确及时的洪水预报，为水库调度提供了可靠的科学依据。基于汛期黄河上游来水持续偏多的情势，黄委提前 15 天预判龙羊峡水库将出现历史最高水位，积极与黄河防总开展水库预报调度交互，为实现龙羊峡高水位蓄水并兼顾河道安全的双赢局面提供了有力支撑。

图 6-1　黄河第 1 号洪水：兰州水文站测流

7 月，长江委在迎战长江上游区域性较大洪水中，提前 3 天准确预报长江上游编号洪水、寸滩江段水位超过保证水位、三峡水库出现 60000m³/s 的入库洪峰流量，为三峡水库等上游库群防洪调度提供了有力支撑；四川省精准预报涪江、沱江等江河大洪水，提前 5h 预报涪江干流绵阳市涪江桥水文站洪峰流量 12500m³/s（实况为 12200m³/s），提前 25h 预报沱江干流三皇庙水文站洪峰流量 8000m³/s（实况为 7810m³/s），并及时开展亭子口、紫坪铺、武都等重点水库的预报调度工作，最大限度减轻了下游洪灾损失。

9月，广东省在防御超强台风"山竹"过程中，滚动发布6期台风暴潮预报，提前5天预报珠江三角洲将出现超百年一遇、超历史的高潮位，为全省各级政府部署防御特大风暴潮发挥了关键性作用，得到省防总及东莞等8个地市的市委市政府表彰。福建省汛期共应对9场致洪暴雨、3个台风天气，发布预警信号37次；防抗8号台风"玛莉亚"期间，李德金副省长专程到省水文局看望一线职工，充分肯定水文职工的奉献精神。河南省受18号台风"温比亚"影响，多地出现罕见特大暴雨，重现期均达500年，水文部门在台风形成的低气压过境期间，坚持每3h向省防办提供一次雨水情分析材料，为防汛决策提供了及时准确的信息服务，受到了各级领导的充分肯定。

同时，中小河流洪水预测预报业务起步良好。各地水文部门充分利用中小河流水文监测系统项目建设成果，积极开展中小河流洪水预报工作。湖北省实现了有防洪任务的 255 条中小河流洪水作业预报的常态化；广东省集成省气象局、欧洲气象中心的 QPE 和 QPF 等降水预报数据，推进 200km² 以上河流的气象水文耦合数值化预报；广西、云南、宁夏等省（自治区）中小河流基本实现了 24h 自动预报预警。

3. 高效开展水情预警发布

全国水文系统加强水情预警发布规范和制度建设，拓展预警发布范围，强化预警信息实时性，水情预警公共服务全面推进。2018 年，水利部颁布了《水情预警信号》（SL 758—2018），规范洪水和干旱预警发布工作。内蒙古、辽宁、山东等省（自治区）出台了水情预警发布管理办法，截至 2018 年年底，出台水情预警发布管理办法的流域管理机构和省（自治区、直辖市）增至 30 个。辽宁、黑龙江、江西、湖北、湖南、广西、四川等省（自治区）制定了水情预警工作细则。全国主要江河水情预警断面数量 2051 个；内蒙古、吉林、江苏、广东、广西、重庆、四川、云南、陕西、宁夏等 15 个省（自治区、直辖市）积极探索和制定了中小河流预警指标。各地水文部门共发布水情预警信息 859 条，其中洪水预警 840 条，枯水预警 19 条，发布预警信息超过 100 条的单位有广东省和广西壮族自治区。

各地水文部门加强对短历时暴雨、突发水情、地震周边水工程等重要雨水情的监视预警和信息报送，预警领域不断拓宽；开展了大中型水库汛期超汛限监视分析，逐日监视水库水位动态变化，滚动分析降雨调洪、未降雨超限蓄水等超汛限原因。河南省搭建了中型水库预警系统，实现全省 78 座中型水库在线自动预报预警；江苏、广东等省积极开展中小型水库抗暴雨能力分析计算，为水库安全度汛提供重要依据；云南省为 15 个地州市的县级人民政府提供更为精细化的山洪预警服务。

广西壮族自治区全年共发布洪水预警 319 次（其中橙色预警 1 次、黄色预警 28 次、蓝色预警 290 次），其中县级水文部门发布洪水预警 265 次，发布预警信息得到了广西电视台、《广西日报》等媒体和社会公众的广泛关注，中国新闻网、广西新闻网、新华网等网络平台也多次进行实时报道；在台风"山竹"影响期间，共发布洪水预警信息 32 次，发送洪水预警短信 14.3 万条，为各级人民政府防汛指挥决策和社会公众防灾减灾避险提供了重要支撑。黑龙江省发布洪水预报 132 站次、雨量预警 2424 站次、河道预警 58 站次，为有效应对大范围、多场次洪水过程，特别是成功防御呼兰河流域性大洪水做出了重要贡献。河南省进一步加强全省山洪灾害防御、城市防洪及重要雨水情信息监控管理和预警工作，建立了省水文局、地市分局、水文站三级重要雨水情信息报送及预警责任制，汛期向防汛部门和当地人民政府报送重要雨水情信息 2000 站次，13 个省辖市、47 个县（市、区）利用山洪灾害监测预警平台向 375 个乡镇、4133 个村发布预警信息 8.57 万条，有效避免了人员伤亡事故的发生。宁夏回族自治区根据洪水实际情况分析修订预报方案，增加洪水预报频次，汛期对全区 60 条河流（沟道）开展人工预报作业 300 余次，发布洪水预警预报 137 次，尤其在 7 月贺兰山区突发暴雨洪水过程中，提前 1h 发布预警信息，最大程度减少了人员伤亡损失。

4. 积极开展旱情业务工作

各地水文部门加强水库及土壤墒情信息报送工作，积极推进墒情评估和旱情监测综合评估分析，抗旱业务基础和服务能力不断提升。截至 2018 年年底，参与全国蓄水量统计的水库已增至 6920 座，较去年增加了 3646 座，辽宁、黑龙江、安徽、江西、湖南、广东、重庆、云南等省（直辖市）报送数量明显增加。水利部修订了《田间持水量测定技术规程》，全国墒情自动测报站点占墒情站点比例超过 80%，吉林、河南等省墒情监测自动化程度明显提升；开展了洞庭湖、鄱阳湖、白洋淀等重要水体卫星遥感动态监测，创新了枯水监测分析手段。

各地水文部门持续推进旱情评估分析，河北、山西、辽宁、吉林、安徽、河南、陕西、宁夏等 17 个省（自治区、直辖市）结合降水量、来水量、水库蓄水、土壤墒情等要素开展了旱情评估分析业务。淮委等流域管理机构和河北、辽宁、安徽、湖北、重庆、宁夏等 11 个省（自治区、直辖市）开展了旱情预测工作，为抗旱工作提供了技术支撑。浙江省完成了全省中型以上水库（梯级电站）和部分小（1）型水库的水位 – 库容关系曲线等基础资料及正常水位、汛限水位等水库特征水位资料的核实、补充、修改和完善工作，以满足水库蓄水量、可用水量分析等抗旱相关需求；在温岭、玉环等地区出现局部干旱过程中，及时开展旱情分析，向省防汛抗旱指挥部报送抗旱水情分析材料 22 期。陕西省对河道来水、径流以及墒情数据进行深加工，科学分析会商全省水量变化、水情态势以及旱情发展趋势，先后编写旱情分析评估 18 期，制作主要江河控制断面流量预报 35 期，在渭河水量调度期内，按旬制作发布旬、月平均流量水情报表 34 期，按月制作发布渭河流域主要断面径流量预报 8 期，为渭河水量调度、灌区引水和全省抗旱提供了支撑。

二、水情业务管理工作

1.规范水情业务管理

水利部水文情报预报中心修订《全国洪水作业预报工作管理办法》，完善了预报分级负责、相互协同的制度，强化了联合预报会商要求，细化了成果共享和考评机制。淮委、海委等流域管理机构和辽宁、上海、四川、云南、陕西、青海等省（直辖市）制定《防汛值班管理办法》；黑龙江省制定《黑龙江省水情工作管理办法实施细则》《黑龙江省洪水作业预报管理办法实施细则（试行）》等规章制度，明确了各级水情预报主体和责任单位；湖北省制定《水文预报管理办法》，规范了预报发布程序、权限、频次、格式及考核方式；广西壮族自治区编制《广西测报工作管理考核指标体系》等管理办法，通过"权责下放、强化监管、强化服务"等方式，进一步明确和规范水情工作。

2.拓宽水情服务领域

长江委、黄委、淮委、太湖局等流域管理机构和上海、浙江、福建、湖南等省（自治区、直辖市）29个水文部门建立了水情业务移动平台。湖南省通过"水文微信"等新媒体，实时推送雨情、水情和预警预报信息，全年共发表文章325篇，公众号关注人数超过2.5万人，年点击量达200万人次，推动水文服务走进了社会公众视野，为人民群众更好地避险防灾提供帮助。广东省通过短信、微信和官网等新媒体，利用城市水文测站的LED大屏发布水情预报预警信息，提高水情信息公众服务的时效性和社会公众主动避灾意识，破解水情信息服务"最后一公里"问题，并积极创新公众服务方式，以广东水文微信公众号为载体，向公众提供优质的水文信息服务，通过定制水文监测站点专属二维码，实现"扫码查水情"，提高水文公众服务能力与社会形象。

黄委积极开展生态补水工作，滚动分析关键河道流量变化，为乌梁素海应急生态补水、黄河下游生态调水提供科学决策依据；松辽委为尼尔基水库、察尔森水库的管理单位提供了兴利调度预报专项服务，为吉林省气象局等其他部门提供实时信息服务；太湖局发布水情专报兴农专题和太湖专题，并与航运部门签订了合作框架协议。

第七部分

水资源监测与评价篇

2018 年，全国水文系统围绕落实最严格的水资源管理制度、全面推行河湖长制和水生态文明建设，加强跨行政区界水资源水量监测和分析评价，开展水资源承载能力监测等工作，提供形式多样、各具特色的水文水资源信息服务，为政府和有关部门决策提供参考依据。

一、水资源监测与信息服务

1. 跨行政区界水资源水量监测

跨行政区界水资源水量监测是水资源管理的重要基础工作，是水利行业强监管的重要依据。2018 年，水利部印发《省界断面水文监测管理办法（试行）》（水文〔2018〕260 号），加强和规范省界断面水文监测管理。水利部水文司组织开发并建成全国省界断面水文水资源监测信息系统，同时，组织各流域管理机构和各省（自治区、直辖市）收集整理省界和重要控制断面水文监测整编资料，开展分析评价，为水资源管理、节约和保护等提供支撑。

各地水文部门广泛运用新技术新设备，提升水资源监测能力，促进水文监测手段的多元化发展。长江委加强水资源（水量）监测新技术的使用和推广，开展了水文监测技术创新与水资源监测数据质量控制、水工建筑物测流与声学多普勒流量在线监测技术、超高频雷达流速流量监测技术、基于卫星遥感的水位流量监测技术等方面的技术培训。黄委加强水文应用技术研究，加快水文要素监测设备研制，推广泥沙在线监测、流量自动测验技术应用，推进自动化水文站建设。松辽委新建的北引取水口下、中引取水口下和南引取水口下等 3 处省界水文站，均采用渠道工程实现自动监测，配备雷达水位计和视频监控系统等。河南省加强遥感技术在水文工作中的应用，应用遥感信息提取地表水体调查、地表水体动态监测、旱情监测等方面的基础地理信息。

一年来，各级行政区界水资源水量监测站网不断完善，水资源水量监测覆盖率得到大幅提高。淮委新建 40 处省界断面水资源监测站网（图 7-1），加强了 24 处改建水文站的运行管理；松辽委完成流域省界断面水资源监测站网（一期）竣工验收，完成 3 处水文站的设备维护、参数率定及水位数据自动采集校核等工作；江苏省开展 30 处苏南行政区界断面水文监测工作；安徽省组织编制《安徽省市界断面水质水量监测建设项目实施方案》，完成 200 个断面基础设施建设任务；云南省开展 7 个省界断面和 51 个州市界水量监测站工作。

图 7-1　淮委新建省界站——徐州燕桥水文站

各地水文部门持续加强行政区界水资源水量监测和分析评价工作，为水资源管理与保护提供技术支撑和高效服务。广西壮族自治区在原有跨区市界河流交接断面水量水质监测基础上，实施西江、郁江、柳江和桂江等四大河流干流县级以上行政区界水量水质监测评价，每月对 42 个监测的地级市界河流交接断面、四大干流 65 个县界河流交接断面进行水量水质综合评价，并编制《自治区领导担任河长的主要干流水文手册》和《跨行政区界断面水量计算规程》。重庆市组织开展 50km^2 以上 510 条河流 763 个市级跨界断面的月测工作，汇总编制监测评价报告，对市级重点河流、非重点河流进行全指标（季度）、五项指标（月度）和双指标（月度）评价。

2. 服务最严格水资源管理制度

围绕落实最严格水资源管理制度，全国水文系统不断完善水资源监测体系，收集整理基础数据，加强数据分析应用，积极参与江河水量分配方案编制和水资源配置研究，探索建立水资源承载能力监测预警机制，为最严格水资源管理制度评估考核、水量调度和水资源管理等工作提供基础支撑。

积极开展监督性监测，编制水量分配方案。长江委启动省界断面邻省间水文资料互审工作，对流域各省（自治区、直辖市）水文部门管理运行的省界断面站点，适时开展监督性监测。松辽委开展水量分配方案和水量调度方案编制工作，完成《柳河水量调度方案》《牡丹江水量调度方案》，并完成《阿伦河流域水量分配方案水资源调查评价报告》和《音河流域水量分配方案水资源调查评价报告》。

积极开展区域用水总量监测统计工作。浙江省积极参与自然资产负债表编制、水功能区纳污核定、水资源承载能力核算等工作，提高水资源监测范围与频次、提升用水量校核精度，为生态省建设考核、26 个省内欠发达县的发展实绩考核、绿色发展指标体系研究等工作提供大量基础数据。江西省组织开展全省用水总量统计填报，完善《江西省用水总量统计方案》，配合开展最严格水资源管理制度考核，协助开展水资源管理专项监督检查现场核查，为"三条红线"控制和节水型社会建设提供技术支持。山东省充分利用水资源税信息平台数据，不断提高区域用水总量监测统计水平，协助完成对全省各市用水总量年度考核，完成年度区域用水总量监测数据审核、汇总与报告编制等。

积极开展用水调查统计和复核，为用水定额编制、指标确定和考核等工作提供技术支撑。安徽省参与行业用水定额修编，启动用水量调查，完成报告编制，支持全省用水定额管理，保障用水定额的合理性、先进性和实用性。湖北省全面开展农业、工业、生活、生态用水量调查统计，完成"三条红线"用水总量、水功能区达标率等考核指标的核定。海南省按照最严格水资源管理制度考核办法，对各市县提交的年度自查报告、复核技术资料及支撑材料，进行完整性和合理性审核。云南省编制完成《2017 年度云南省实行最严格水资源管理制度工作自查报告》及复核技术资料汇编，对省考州市 454 个水功能区、195 个水源地州市自查报告进行复核，编制完成《2017 年度云南省实行最严格水资源管理制度考核工作各州（市）考核报告》。

3.服务河长制湖长制

2018 年 12 月水利部印发《关于加强水文服务河长制湖长制工作的通知》（办水文〔2018〕281 号），要求在全面实现省级河湖长负责河湖的水文信息服务全覆盖基础上，两年内逐步实现县市行政区界水文监测全覆盖。各地水文部门紧紧围绕全面推行河长制湖长制要求，参与编制河长制手册、"一河一策"方案等相关文件，为河长制湖长制提供精准水文服务。开展河湖情况摸底调查，编制出台工作方案。北京市编制《河长制水文服务手册》，依据管理范围将河流、站网、河长、区间流域面积、水质水量监测成果、考核断面等进行详细汇总与分析，为河长制提供精准水文服务。江西省推出《袁河（含山口岩、江口水库）健康评估（试点）报告》，为重要河湖的保护修复提供理论支持和方法指导。重庆市主动作为助推全市河长制工作，完成河长制河流监测断面踏勘，编制《重庆市河长制市级跨界河流水质监测方案》。云南省完成九大高原湖泊"一湖一档"，编制九大高原湖泊省级河（湖）长工作手册，对 2018 年度河（湖）长制河湖名录复核汇总，对州市信息系统填报、河湖名录、"一湖一档"等工作开展技术指导，并印发了《2018 年云南省全面推行河（湖）长制省级监测方案》。甘肃省组织编制完成《甘肃省省级河流"一河一策"方案》，开展《甘肃省省级湖泊"一湖一策"方案》编制工作。

各地水文部门依托水文监测站网积极加强水量水质监测和分析评价，提供水文信息服务产品，做好河长制湖长制水文技术支撑工作，助力河（湖）长精准施策。江西省率先开展了 86 个湖泊的水生态调查工作，打造鄱阳湖水质水生态监测加强版，开展敏感区域河湖水质监测、湖盆地形监测、江豚监测等新领域水文监测工作，构建实现水文、水环境、水生态监测成果实时输出的鄱阳湖水文生态监测体系。江苏省基本完成秦淮河（干河南京段）生态监测体系建设主体工程；以省领导担任河长的流域重点河湖为单元，编制水资源质量监测简报，对接做好河长制 APP 平台建设及信息报送。湖北省编制《湖北省省级河湖长责任河湖水质水量月报》，对省级党政领导担任河湖长的 18 个河湖的水质水量状况进行逐月分析评价，对水质水量较差的河湖提出治理建议。广西壮族自治区实施四大河流干流县级以上行政区界水量水质监测评价，完成 37 个新增省控水功能区和 $50km^2$ 以上的河流跨地市界水文站点的查勘工作，编报监测信息 30 多期。贵州省根据全省省级河长、市级河长考核要求，规划新建跨地市、跨区县水文站 96 处。云南省编制《云南省河长制省级平台设计方案》，按时编报《云南省河（湖）长制水质月报》等。宁夏回族自治区全面完成河长制综合管理信息平台建设和应用，每月及时准确报送河长制监测断面水量水质数据 7000 余条。

4. 服务水生态文明建设

2018 年 10 月，水利部水文司在济南举办全国水文服务生态文明建设新理念新技术高级研修班，各流域管理机构和各省（自治区、直辖市）水文局等单位的分管领导和高级专业技术人员 80 余人参加，通过培训提升城市水文监测、水生态监测和修复等方面的技术和管理水平。各地水文部门结合水生态文明建设需求，组织编制自然资源资产负债表，探索建立水资源承载能力监测预警机制，加强重点区域水资源监测、调查与分析评价，开展生态流量试点监测和预警分析等，为生态文明建设提供重要支撑和保障。

积极开展水文调查与分析计算，参与编制自然资源资产负债表。北京市研究编制水资源资产负债表，调查与分析计算区域地表水入境与出境水量、地下水入境与出境水量、区域自产地表水和地下水资源量、区域生态环境用水量等要素，编制完成昌平区 2016—2017 年度水资源存量及变动表，应用于政府和干部的年度资源审计。上海市完成长江口水文综合调查，对 6 个分级断面开展监测，共获取流量数据 2340 组、含沙量数据 7560 个，完成黄浦江上游干支流及边界水文调查工作，布设 13 个水文水质监测断面，采用 ADCP 走航和自动在线监测方式，连续施测小、中、大天文潮共 16 个测次，获取流量数据 4000 组。江西省出台《自然资源资产负债表编制标准》，完成《2016 年江西省自然资源资产负债表》核算工作。

开展水资源承载能力核算，逐步建立水资源承载能力监测预警体系。长江委开展流域县域水资源承载能力核算，承担流域水资源量计算和地下水承载状况动态评价，评估长江流域现状地下水资源承载负荷，为逐步建立水资源承载能力监测预警管控机制提供基础支撑。黄委完成 163 个水资源三级区套地级行政区水资源承载能力评价复核、黄河流域未来水资源承载能力适应性评价、黄河流域（片）水资源监测现状和监测能力评价等工作，提出水资源承载能力动态评价与预警系统平台建设方案，形成水资源承载能力动态滚动评价机制，研究提出监测预警政策措施等。松辽委修改完善《松辽流域地级行政区承载能力评价报告》《松辽流域县级行政区承载能力评价报告》，为推进松辽流域水资源承载能力监测预警工作奠定坚实基础。

开展重点保护区域水资源监测、调查与分析评价，为区域水资源管理、生态环境保护和经济社会发展提供技术支撑。青海省开展三江源、青海湖、祁连山地区水资源监测评价工作，编制并出版发行《青海省水文手册》（2018 年版），开展可可西里海丁诺尔、盐湖等重要湖泊的容积测量及水文监测工作，建立湖泊水位－面积－容积关系曲线和湖泊水位－下泄流量关系曲线，组织开展长江源地区水文水环境考察，有效支撑可可西里保护等工作。陕西省开展秦岭北麓重要峪口水位、流量等项目监测，编制《秦岭水资源保护计划》《秦岭北麓重要峪口水资源监测通报》并发送各级人民政府。甘肃省参与中央环保大督查甘肃省祁连山生态环境涉水问题整改，对涉及的 42 座水电站无障碍下泄流量设施、视频监控、数据上传等进行现场督导，完成祁连山国家级自然保护区剩余 159 座水电站水资源论证复评报告的复审和已建 689 座水电站的论证复评工作，有力促进了祁连山环保督查整改工作。

开展生态流量试点监测和预警分析，为生态水量保障和流域水量调度等工作提供决策依据。安徽省在颍河开展生态流量调度试点工作，对各控制断面流量进行监测，根据按旬统计、按月控制的原则开展分析评价和通报工作，完成《安徽省颍河生态流量试点评估报告》的编写，并进一步拓展试点范围，编制淠河、涡河、浍河以及淮河干流蚌埠闸生态流量控制监测方案。四川省探索建立沱江流域水量调度监测机制，积极参与岷沱江水资源调度工作，编制完成《四川省沱江流域国控环保断面生态流量调度方案》，开展应急调度和水量调度监测，开展生态流量预警分析研究等。

5. 开展第三次全国水资源评价

全国水文系统加快推进第三次全国水资源调查评价工作，加大人员投入，加强流域省际协调，基本完成全国水资源调查评价工作。长江委开展长江流域（片）涉及 20 个省（自治区、直辖市）的水资源数量评价和水生态状况调查评价。黄委密切跟踪督导流域片第三次全国水资源调查评价工作进展，协调解决实施中发现的问题，完成第四轮全国和流域成果汇总。各地水文部门全力做好第三次全国水资源调查评价工作任务，按照时间节点和技术要求，完成地表水资源量与质、地下水资源量与质、水资源综合评价等工作，完成数据填报系统数据录入和上报工作，编制提交评价成果。在各地水文部门共同努力下，初步形成了四级区套地市、县级行政区和重点流域水资源数量评价成果。下一步将对省区成果进行审核认定，确保流域汇总成果质量，为满足新时期水资源管理、健全水安全保障体系、促进经济社会可持续发展和生态文明建设奠定基础。

6. 开展水资源信息发布

全国水文系统加强水量、泥沙等信息监测和分析，推进水资源监测和分析评价工作，积极开展年度《水资源公报》《水资源管理年报》《泥沙公报》等编制及发布，为各级政府和社会公众提供水资源信息服务。

水利部编制完成《中国河流泥沙公报（2017）》，公报电子版面向社会公众发布，可在水利部主页部门公报栏全文浏览。长江委完成水资源监测通报、月报和年报编制，并在长江水利委员会网站进行发布。黄委在信息服务方面推动互联网、大数据、云计算、卫星遥感和人工智能等高新技术与水文业务的深度融合，研发水文业务应用服务系统，深化水文数据加工，丰富水文信息产品，强化水文公共服务。淮委积极服务南水北调东线一期水量调度工作，2018年施测流量1175次、观测水位3242次、制作简报245期、发送短信7616条，为东线水量调度和水源配置提供决策依据。松辽委完成松辽流域水资源公报、水资源管理年报的编制与发布。太湖局发布水质、蓝藻、水资源等九类业务的公报、通报、年报、月报，以及河湖健康白皮书等水文信息成果。

北京、河北、辽宁、吉林、上海、浙江、安徽、宁夏等省（自治区、直辖市）及时发布年度《水资源公报》（图7-2），为相关部门与社会公众提供分析评价成果和水资源信息服务。安徽省在流域水资源调度、跨流域调水和

图7-2　宁夏水资源信息发布成果

生态补水工作中，加强水资源监测评价，及时提供准确的水资源数据和最新水资源评价成果，按时报送省界控制站的月报资料。江西省18个县编制完成县级水资源月报47期，69个县编制完成县级水资源公报，其中赣州市、吉安市、上饶市、鹰潭市、南昌市实现县级水资源公报全覆盖，全省县级水资源公报编制率达69%。湖北省编制完成《2017年水资源监测评价工作年鉴》。广西壮族自治区通过广西水利信息网、广西水文水资源信息网、水文信息查询系统等

渠道发布水资源监测评价信息。

二、地下水监测工作

2018 年，全国水文系统全力以赴，完成了国家地下水监测工程主体建设任务，开展了国家地下水监测系统运行维护和地下水水质监测工作，随着国家地下水监测工程建设站点的投入运行，地下水监测站网布局逐步完善。在此基础上，各地开展了地下水日常监测和资料整编、区域地下水分析评价以及信息服务和成果发布等相关工作，地下水监测工作稳步推进。

1. 开展地下水监测工作

2018 年，全国地下水监测站网不断完善，地下水监测工作有序推进。北京市地下水站达到 1166 处，其中自动监测站 437 处，人工监测站 729 处，地下水站网涵盖北京五大水系和十六区，并对上层滞水、深层水、岩溶水均有覆盖，实现了全方位监测地下水。天津市地下水站网进入优化调整阶段，全市共有地下水站 999 处，其中监测地下水水位（埋深）的站点 860 处、监测地下水开采量的站点 139 处，水文部门根据地下水监测数据，在完成地下水超采区划定工作基础上，编制完成了地下水压采三年攻坚方案。辽宁省共有常规地下水站 1070 处，其中人工监测站 443 处、国家地下水监测工程项目建设自动监测站 627 处，开展水位（埋深）、水温和水质监测。吉林省常规地下水监测站 1285 处，2018 年共刊印地下水动态资料年鉴 3 册，其中，刊印 1251 处水位监测资料、446 处水温监测资料和 384 处水质监测资料。黑龙江省水利厅批复《黑龙江省地下水监测站网建设规划》，在现有地下水站基础上，拟新建地下水站 1104 处、改建地下水站 427 处；全省完成了 2018 年度 1307 处地下水站的地下水动态监测和资料整编工作。安徽省对全省 576 处地下水站进行地下水水位（埋深）、水温、水质等动态监测，完成地下水分析评价和省级监测站的资料整编；在国家地下水监测工程建设项目基础上，开展了超采区地下水水位自动监测试点建设，整合现有水文数据库和水资源信息系统，建设了地下水监控和分析评价系统，为地下水水资源管理与保护，以及有效防治区域水文地质灾害提供技术支撑。陕西省在总结地下水监测工作经验基础上，进一步强化工作措施，努力提高监测水平，完成全年地下水水位监测、数据报送、分析统计等工作，共监测地下水数据 60000 余条（图 7-3）。新疆兵团积极开展地下水水位、水质监测工作，兵团辖区布设地下水站 3041 处，全年开展两次地下水水位统测，共实测水位 6365 组，完成抽水试验 619 组、土壤含盐量鉴别样 293 组；完成地下水水样采集和检测 1481 组，并进行了地下水水质全分析和简分析工作，完成两次地下水监测资料的分析整理工作。

图 7-3 陕西地下水监测现场

2. 开展地下水分析评价工作

2018 年，党中央和国务院领导多次对华北平原、黑龙江三江平原、内蒙古西辽河平原等地的地下水超采等问题做出重要批示。针对华北平原地下水超采，水利部、河北省人民政府共同开展了华北地下水超采综合治理河湖地下水回补试点工作，选择河北省境内的滹沱河、滏阳河、南拒马河 3 条典型河流的重点河段，计划开展为期 1 年的地下水回补工作。海委、河北省编制华北地下水超采综合治理河湖地下水回补试点监测工作方案，华北地下水超采综合治理河湖地下水回补试点巡测、复核和监督方案等。在此基础上，河北省对滹沱河、滏阳河、南拒马河的 30 处控制断面沿途水量开展监测，并对 11 处地表水水质监测断面和 119 处地下水监测井进行动态监测和分析，完成了第一阶段补水水文监测任务，提交了中期评估报告。围绕西辽河流域构筑万里北疆绿色长城，内蒙古自治区整理分析通辽、赤峰地下水长系列监测资料，积极探索西辽河流域水资源紧缺状况下地下水动态变化影响成因。黑龙江省选用 513 处地下水站的监测资料，开展平原区浅层地下水动态分析，编制完成《黑龙江省平原区浅层地下水动态分析》，为地下水超采区治理提供依据。

各地水文部门结合水利工作和经济社会发展需求，开展了大量的地下水监测信息分析评价工作。山西省组织开展了地下水超采区评价工作，划定了地下水超采区范围并以文件形式正式公布，全省地下水超采区 22 个，超采区面积 10609km²，其中严重超采区面积 1848km²。山东省完成了《潍坊市咸水入侵时空演变规律及防治研究》《威海海水入侵机理研究》《黄泛平原超采区土壤及地下水含盐量变化规律研究》《山东省地下水库运行效果评价研究》等课题研究成果的审查验收工作，完成亚洲开发银行贷款项目"地下水漏斗区域综合治理示范项目——水资源保护政策示范能力发展"中期报告。河南省组织完成了《2017 年河南省地下水资料》编制和入库工作。四川省完成《四川省超采区评价报告》，评价工作以水文地质单元为基础，以四川省 21 个行政市州为具体评价对象，报告结果显示，21 个行政单元实际开采量相对可开采资源量较小，没有出现开采系数大于 1 的地区，各市州评价单元均为地下水开采潜力区。

陕西省开展了全省地下水考核工作，对全省 470 处地下水站的地下水水位资料进行整理分析，提出了各市水位考核达标率评定意见，有力支撑了全省最严格水资源管理考核工作；与中国水利水电科学研究院合作，对陕西省关中地区地下水水位控制指标进行研究，划定了关中地区分区域分阶段的地下水开发利用控制红线，细化了地下水位控制指标及考核办法；开展了地下水水位预警机制研究，并启动典型试验区地下水水位预警工作，完成《陕西省地下水水位预警机制实施方案》的编制工作。甘肃省开展了地下水超采区复核评价工作，共划定 32 个超采区，超采区总面积 11259.46km²，比上一次评价结果减少了 5136.25km²，降幅达 31.3%，其中 30 个一般超采区，面积 10268.01km²，2 个严重超采区，面积 991.45km²，2 个禁采区，面积 1019.96km²。宁夏回族自治区组织完成 2017 年度地下水监测资料复审验收工作，复审验收 289 处地下水站的监测资料，资料整体质量较好，没有出现基础数据、特征值错误等问题，符合相关规范要求；编制现状监测井高程测量实施方案，并计划补充埋设水准点 79 个，对现状 162 处监测井高程和坐标进行了测量，实现全区地下水监测井高程统一；编制了宁夏回族自治区地下水水质监测及采样实施方案，规范 328 处地下水站的水质监测及采样工作要求。新疆维吾尔自治区开展全区地下水超采区划定工作，共划定乌鲁木齐超采区、吐鲁番鄯善超采区等 15 个地下水超采区，超采区总面积 4.01 万 km²。

全国水文系统在地下水监测与分析评价基础上，通过多种形式，积极为各级政府和社会公众提供动态分析成果。水利部水文司组织编制完成《地下水动态月报》12 期、《地下水动态年报》1 期，《地下水动态月报》面向全国水利部门、水文系统及相关部门，全年累计发放 2100 余册，月报电子版在水利部主页数据栏向公众发布，可全文浏览。天津市完成 2017 年度全市地下水监测资料整编工作，编制印发了《海绵城市地下水动态监测月报》《地下水位动态考核年报》等。山西省及时向各级人民政府、有关部门和社会各界通报全省地下水动态变化，编制和发布《山西省地下水月报》12 期。安徽省重点对淮北平原深层地下水动态变化趋势进行了研究，开展新旧代表站资料展延工作，编制印发地下水年报、月报、旬报。河南省全年编制完成《河南省地下水动态和监测管理月报》12 期和《河南省地下水通报》4 期。陕西省编制完成《地下水通报》《水资源公报》《水资源简报》《全省地下水监测成果报告》和《2017 年地下水监测资料年鉴》等成果报告。宁夏回族自治区完成了《地下水月报及旱情地下水监测信息》4 期。

三、旱情监测基础工作

全国水文系统针对墒情监测工作薄弱状况，加快墒情自动监测能力建设，推进墒情监测和分析评价各项工作开展。2018 年，水利部水文司组织吉林、内蒙古、山东、河南等 4 省（自治区）开展了墒情监测建设工程前期工作，指导各地实施方案编制；组织开展墒情自动监测仪器委托检测，强化对墒情自动监测仪器产品的质量监督和有效管理，为墒情监测系统建设的仪器设备选型提供参考。各地水文部门积极开展墒情监测仪器检测、墒情监测、信息报送和旱情分析评估等工作，为抗旱减灾工作提供水文技术支撑。

各地积极开展墒情监测仪器参数率定、比测分析和系统运行维护等基础工作，提高墒情仪器监测可靠性和时效性。天津市土壤墒情自动监测系统实现对 10cm、20cm、40cm 深度土壤体积含水量等墒情信息的实时采集、传输、存储、处理和展示，系统运行状态稳定、数据传输及时准确。浙江省完成杭州地区 15 处墒情站的土壤水分传感器比测工作，满足了土壤水分在线实时监测的要求，全年报送实时墒情数据 41 万余条。宁夏回族自治区开展墒情监测资料合理性分析和整编工作，完成 25 处墒情站 1981 年以来的历史资料整编，完善了旱情监测数据库；开展 39 处自动墒情监测站的参数率定工作，开展代表站的自动监测与人工监测同步比测工作，为墒情自动监测提供对比分析数据。

各地不断加强旱情监测和报送，为抗旱减灾和水量调度等工作提供有力技术支持。北京市 118 处墒情站全年监测报送墒情信息 1824 条。内蒙古自治区 6 月 23 日启动自治区抗旱Ⅳ级应急响应，82 处墒情站报送土壤墒情信息 950 条。吉林省报送墒情人工监测信息 1419 条和墒情自动监测信息 23 万余条，在春季作物关键期 5 日一报，并根据降雨及旱情发展进行加报、开展分析评价，编制《墒情专报》25 期；新建了 20 处墒情自动监测站，完成全省 40 处墒情自动监测站的田间持水量测定和分析工作，为旱情等级评价提供重要数据。安徽省在旱期及时增加墒情测报频次，适时开展旱情调查，全面分析河道、湖泊、大中型水库总蓄水量和地下水可用水量，为合理控制水库、河道、湖泊水位，做好蓄水保水工作提供有效服务。重庆市加强墒情自动监测数据和信息报送工作，向水利部报送土壤墒情数据 70 余万条，伏旱期向市防办密集通报墒情实况及分析预测信息。

各地水文部门持续推进墒情监测数据的分析评价和信息服务，为掌握旱情、科学指导抗旱减灾工作提供技术支撑。淮委拓展旱情信息服务内容和服务范围，每月及时收集旱情资料，开展旱情预测预报分析，制作流域墒情分布图等，编制旱情预测、简报、专报、月报和年报等，发布中期（旬）天气预报 15 期，长期天气预测 6 期、《旱情简报》12 期，为各级政府和防汛抗旱部门及时掌握旱情发展、抗旱减灾调度指挥等提供决策支持。江西省紧盯全省旱情发展态势，提升旱灾防御能力，向省防总报送《土壤墒情监测信息》6 期、《旱情信息》7 期、《水文抗旱公报》4 期，及时报送旱情形势和提出抗旱措施建议等。山东省报送 158 处墒情站的监测信息 9104 条，编制《全省旱情监测分析》21 期。

四、城市水文工作

各地水文部门继续开展城市水文试点工作，已在全国 49 个城市全面铺开，城市水文工作取得新进展。

北京市总结提出城市水文监测站网布设原则，组织开展监测仪器设备性能、稳定性和测验精度检验工作，研究城市水文监测工作方式与分析评价方法，用以指导城市水文工作开展；开展城市水文流量计量试验项目，编制完成《城市雨水管渠流量监测规程》等。河南省郑州市开展节水型示范小区建设及指标体系研究，通过建设节水型示范工程，加强新技术新仪器应用，开展长期、综合的观测实验分析，为节水型社会建设提供决策依据。上海市积极做好首届"中国国际进口博览会"（简称进口博览会）的支持保障工作，在场馆周边增设 2 个遥测站，作为进口博览会防汛保障专用水文测站，纳入进口博览会专题保障服务体系，维护进口博览会场馆周边 300 条段河道水环境面貌，编制进口博览会河道水环境水质监测方案并开展监测，为进口博览会的成功举办提供水文保障。山东省济南市按照"建设一处站点，形成一道景观，服务一方民生"的思路，进一步完善城市水文监测体系；加大市区五大名泉（含百脉泉泉群）的泉水流量监测，2018 年共监测泉水断面流量 400 余次，形成《泉水月报》12 份；整编城区 119 处监测站点资料，编辑刊印了《2017 年度城市水文年鉴》，满足新时期城市水资源、水环境和水生态管理等工作需要。

各地积极编制城市水文建设规划，提高城市水文监测现代化水平，助力城市智慧水文建设。安徽省组织完成池州市、合肥市、滁州市、阜阳市的城市水文站网规划编制。江西省印发《江西省水文局关于加快推进城市水文工作指导意见》，组织开展城市水文监测规划工作，开展了"九江市城市水文信息采集系统"建设（图 7-4）。山东省青岛市建成了较完备的城市水文监测站网，黄岛水文分局进一步完善水文信息应用与公共服务系统，完成了智慧水文系统功能优化升级；胶州市水文分局与市建设局、市政公用处紧密合作，不断优化项目建设方案，提升功能定位，完成了城市水文监测与预警系统建设三期招标工作；城区水文分局与城市管理局合作，出台《青岛城区水文局关于加强"智慧水文"建设实施方案》，将城市防汛防雪应急指挥系统与积水监测系统纳入"智慧城市"建设中，充分发挥"智慧水文"的作用。

图 7-4　江西省九江市城市水文监测服务社会公众

第八部分

水质监测与评价篇

2018 年，全国水文系统加强水质监测能力建设，推进监测技术创新和质量管理制度实施，深化行业监督管理，不断拓宽服务范围，更好地服务水利中心工作。

一、水质监测基础工作

1. 水质监测能力建设持续加强

全国水文系统依托水资源监测能力建设项目，多方筹措经费，全面提升实验室检测环境和能力，推进水源地水质监测自动站建设，提高水质监测现代化水平。

2018 年，各地水环境监测中心（水质实验室）建设投入稳定增长，进一步改善了检测环境，提高了实验室的安全保障，水质实验室检测能力得到加强。北京市投资 409 万元用于各区县分中心实验室建设及购置仪器设备。天津市水环境监测中心新配置了移动实验室、液相色谱 – 质谱仪等多台大型仪器设备；于桥分中心新建 330m² 的标准化水生物实验室并投入使用。河北省利用最严格水资源管理项目资金为廊坊、秦皇岛分中心配备设备，同时自筹资金 70 多万元配备了应急检测设备设施，进行了实验室基础设施更新改造。内蒙古自治区呼伦贝尔水环境监测分中心新建了 1200m² 实验室并投入使用，巴彦淖尔分中心新增 136m² 实验室也已投入使用，通辽分中心实验室基础设施完成更新改造工作。吉林省投资约 300 万元，购置了显微镜、离子色谱仪、流动注射仪等仪器设备，同时购置了便携式快速水质监测仪、智能水质监测船、无人机等先进应急监测设备。黑龙江省投资 700 万元用于购置 31 台（套）水质监测仪器，配备了 3 台水质采样车。江苏省持续推进苏北地区水环境监测分中心达标建设工程，徐州、淮安、南通、连云港、宿迁分中心建设项目稳步推进。安徽省新建了六安分中心实验室，改建芜湖、安庆、蚌埠等分中心实验室，为阜阳、蚌埠、芜湖、安庆、马鞍山等分中心共购置新仪器 13 台（套）。福建省对省水环境监测中心和莆田、龙岩等分中心实验室进行布局调整和扩充改造建设，更新了省水环境监测中心及分中心的部分仪器计 32 台（套）。山东省为青岛、烟台、淄博和泰安等水环境监测分中心配备流动注射分析仪、气相分子吸收光谱仪等仪器设备 21 台（套），总投资近 358 万元。湖北省投资 548 万元对宜昌、孝感等分中心实验室进行改造，改造面积分别为 1039m² 和 805m²。湖南省投资 900 多万元进行省水环境监测中心整体化实验室建设，另多方筹措资金 1500 多万元为各地市分中心更新添置了一批仪器设备。海南省投资 362 万元用于购买水质实验室设备及附属设备 65 台（套）。贵州省完成了黔南州分中心实验室基础设施改造。云南省配置电感耦合等离子体发射光谱 / 质谱、微波等离子体原子发射光谱仪、连续流动分析仪等监测仪器设备 120 多台（套），应急监测设备 13 台（套）。陕西省完成了陕南三个分中心的实验室能力建设实施方案的编制工作。各地水环境监测中心注重加强监测队伍能力建设，海河流域水环境监测中心以及北京市、天津市、河北省水环境监测中心积极组织参加水利部和中国农林水利气象工会组织的"人水和谐·美丽京津冀"水生态环境监测技能竞赛（图 8-1），提高了水质监测技术人员的技能水平。上海市顺利承办"清源杯"水环境监测技能竞赛，获得全国农林水利工会及上海市水务局工会的好评。

各地水文部门加强水质自动监测站建设力度，截至 2018 年年底，全国水文系统共有地表水水质自动监测站 325 处。长江委持续做好汉口、仙桃、南京、徐六泾等水质自动监测站的运行维护，完成丹江口水库及上游地区照川、

图 8-1 "人水和谐·美丽京津冀"水生态环境监测技能竞赛

梅家铺、兰滩、上津等 6 个新建省界水质自动监测站的项目验收。天津市于桥水库、尔王庄水库、北塘水库等 3 处水质自动监测站通过验收并投入使用。山西省完成全省主要河流水质自动站数据采集接收系统的开发与数据接收处理测试工作。辽宁省初步完成 15 处国家重要饮用水水源地范围内水质在线监测站的建设和整合工作。黑龙江省 17 处国家重要饮用水水源地的水质自动监测站，通过省中心信息平台实现了水质监测信息的实时传送。安徽省建设市界水质自动监测站 9 处、入河排污口自动监测站 9 处、省界水质自动监测站 2 处、饮用水源地水质自动监测站 2 处。江西省建设完成 5 处市界断面水质自动监测站、26 处水源地水质自动监测站，实现国家重要饮用水水源地水质在线监测全覆盖。湖南省完成了 20 处国家重要饮用水水源地水质自动监测站建设。重庆市完成了 14 处国家重要饮用水水源地自动监测站建设并投入使用。云南省完成 9 处国家重要饮用水水源地水质自动监测站建设任务，还有 3 处正在建设中。海南省新建了 2 处水质自动监测站。

一年来，各地水文部门积极开展实验室管理信息系统建设，水质监测信息化建设加速推进。长江委组织水质监测技术骨干赴淮委进行实验室管理及信息化调研，并对长江委的实验室管理系统进行了更新完善。太湖局全实验流程均采用实验室信息管理系统进行操作，实现水质监测任务在线发布、监测数据在线读取、质控数据在线统计汇总和测试报告在线生成等功能，同时建设了水质监测数据管理平台，完成水质监测数据的统计汇总和各类通报、报表的自动生成。北京市开发了基于互联网的实验室信息管理系统。辽宁省组织完成实验室管理系统二期开发，进一步建设完善了移动端信息管理系统。黑龙江省对实验室管理系统软件进行升级改造，实现了水质检测工作流程化、水质数据传输和水质评价的自动化。湖北省实验室信息管理系统水质监测主模块基本开发完成，并在恩施土家族苗族自治州分中心试点运行 4 个月，完成其他 16 个分中心水质基础资料的收集和实验室联网通信等前期工作。湖南省编制了《湖南省水质监测信息化建设总体框架》，分阶段组织开发全省统一的实验室管理系统、水质评价系统和信息发布服务系统。河北省、吉林省和云南省初步构建了实验室信息管理系统。

各地水文部门不断完善有关水质监测数据统计分析评价系统，丰富成果应用。北京市水质监测信息共享平台首次实现了全市各行业水质监管部门的水质数据共享及会商发布，相关人员通过平台可以全面掌握北京市管辖范围内源水、供水、用水、排水的监测站点及其监测方式、监测指标和监测成果。河北省完成了水质数据查询及统计分析系统的初步开发。辽宁省组织开展水质历史数据库建设，实现了自 1980 年以来水质监测数据的电子化。江苏省在构建统一水质数据中心的基础上继续开发功能全面的分析评价系统，新增了水质变化趋势性分析等模块。江西省开发了水质评价系统，同时将水功能区管理、月报编制管理等作为系统模块在江西省水资源信息管理系统中实现。湖南省开发了水质自动监测信息接收与共享平台。广东省在原有水质监测实验室信息管理系统、水功能区水质评价信息系统、水质自动站实时监控系统、入河排污口管理系统基础上，建立了一套与水利部颁布标准统一的数据库体系，开发了现场数据采集系统、水质自动监控预警系统以及水资源质量信息系统，实现了从水质数据的信息化采集、处理、传输、存储到大量数据信息的集中管理、统计分析、预警以及显示等。陕西省水质监测与评价信息服务系统已经基本建设完成，即将在全系统投入使用。

2. 水质监测范围不断拓展

全国水文系统水质监测站网日益完善，水质监测范围不断拓展，水质监测项目逐步增加，为水生态文明建设、河长制湖长制工作推进以及最严格水资源管理制度考核等工作提供了坚实的数据支撑。

各地水文部门扎实做好地表水水质监测工作，推进开展重要江河湖库、水功能区、行政区界、城乡饮用水水源地、重要水利工程断面水质监测工作等。松辽委积极开展国际界河的水质监测分析工作，重点完成黑龙江干流上游和中游的洛古河水文站、上马厂水文站、卡伦山水文站和太平沟水质自动监测站以及额尔古纳河干流的奇乾水文站水质监测工作。北京市采用遥感调查手段对全市黑臭水体进行跟踪监测，对全市 141 段黑臭水体进行水质加密监测；组织对南水北调中线工程北京市境内的 15 个站点进行加密监测，编制水质周报和水质短信息。河北省开展引黄调水、引江补水、农村饮水安全水质监测等工作；重点对华北地下水超采综合治理行动河湖地下水回补试点进行动态监测，对南拒马河、滹沱河、滏阳河 3 条补水河流补水前后水质状况进行了监测评价。黑龙江省开展了全省源头水水质背景监测工作和典型大中型灌区水质监测工作。上海市构建了水质监测动态管理机制，组织完成本市 25318 条（个）河湖水质摸底调查；组织对 1864 条中小河道和城市建成区 410 条水体开展跟踪水质监测及重点监测。江苏省首次开展长江江苏段 102 条入江河道水质监测工作；组织南水北调工程沿线相关分局继续对沿线各关键节点进行水量水质同步监测；继续开展了太湖水源地及湖体巡查和现场监测，全年巡查天数达 222 天。安徽省开展至少每周一次的淮河流域污染联防监测水质监测工作，按要求增加了 16

处监测站点 108 点次水质水量同步监测，为流域管理机构和省水利厅防汛调度、防污工作决策提供技术支撑。江西省以 366 个规模以上入河排污口、100 个大气降水水质监测站、300 个大型灌区水质监测点为切入点，构建了全省立体式水质水生态监测网络。河南省完成了大型灌区的水质化验和评价工作；对农村饮水安全工程水质达标情况进行调研评估，编制了以县为单位的水质检测方案。湖南省开展枯水期水质加密监测，积极主动为湘江沿岸城市饮水安全提供服务。广东省广州分局在全省水文分局中首个引进 MIKE21 软件，将水质数值模拟模型从一维水平提升至二维水平；首创了水质超标预警通报，启动了广州市和佛山市跨界河流水文同步监测及水质预警预报项目研究。广西壮族自治区组织对南流江、刁江、下雷河、难滩河干流及其重要支流进行水量、水质监测，调查了百色市与崇左市的下雷河跨界断面水质长期超标问题。四川省十余年来持续开展全省大中型水库以及具有人饮功能的重要小型水库水质监测，2018 年完成全省 160 余座水库水质监测评价工作；11 月起对沱江 16 个国控断面开展枯水期水质监测评价工作。云南省布设大气降水水质监测站点 14 个，水体沉降物监测站点 77 个。西藏自治区对日喀则白朗县的农村饮用水水源地水质进行检测；对阿里羌塘自然保护区、那曲格仁错进行现场调查、取样和水质检测分析；对各驻村点进行水质检测，保障驻村队员的饮水安全。新疆兵团组织开展对兵团所辖的主要河流、湖泊水库和地表水水源地的水质监测工作。

全国水文系统依托国家地下水监测工程建设站点，有序推进地下水水质监测工作。年初，水利部印发《关于做好 2018 年国家地下水监测系统运行维护和地下水水质监测工作的通知》。各流域管理机构和各省（自治区、直辖市）水文部门扎实做好地下水水质监测工作，全年共计对 97 个重要地下水水源地、684 个重点生产井、8896 个国家地下水工程监测井开展了地下水水质监测，完成了年度水质监测任务。

各地水文部门因地制宜开展区域地下水水质监测工作。太湖局首次承担地下水监测任务，监测范围包括太湖流域片国家地下水监测工程 194 处地下水站水质监测，上海、江苏、浙江、河南等 4 省（直辖市）的 237 处地下水站监督监测和同步监测，监测项目涵盖地下水质量标准中的所有 93 项。为保证工作顺利开展，太湖局前往淮委等地学习地下水采样、监测技术，熟悉地下水监测工作流程，组织人员编制太湖流域片地下水水质样品采集与监测实施方案，召开太湖流域片地下水监测工作推进会，举办流域片地下水采样培训等。9 月初，太湖流域片各省（直辖市）地下水监测工作正式启动，太湖局与流域片省（直辖市）水文部门密切配合，有序开展并完成了地下水监测工作。北京市积极推进"北京市平原区地下水自动监测井建设工程"，共布设地下站 307 处，随监测井成井进程，及时开展了水质背景监测。黑龙江省开展了 30 个地下水集中水源地的水质资料补测工作。浙江省印发《关于做好 2018 年浙江省国家地下水监测系统运行维护和地下水水质监测工作的通知》，组织做好全省 139 处地下水站一年两次水质监测工作，对 33 处地下水站开展了一次地下水水化学监测。安徽省编印《2018 年安徽省地下水水质监测工作方案》，完成了 263 处国家地下水工程建设站点的水质监测工作。陕西省克服水质监测点多、监测项目不同、监测难度大等困难，全年完成地下水监测任务达 898 站次（图 8-2），为历史

图 8-2　陕西地下水水质监测现场

之最，同时还编制完成《地下水通报》《全省地下水监测成果报告》《2017 年地下水监测资料年鉴》等成果报告。

全国水文系统水生态监测评价工作不断加强。江西省启动全省水生态监测规划编制工作，抢占水生态监测制高点，全面启动了对全省 86 个重点湖泊的水生态、水环境调查工作；稳步推进东江源区水文水生态监测保护研究系统建设，推动其纳入珠江流域水资源保护规划（图 8-3）；全力推动鄱阳湖水文生

图 8-3 江西省水文局东江源区水生态监测体系

态监测研究基地建设，开展敏感区域水质监测、湖流水质同步监测、湖盆地形监测、江豚监测，力求构建基于水文、水环境、水生态监测成果实时输出的完整鄱阳湖水文生态监测体系。海委组织对流域内衡水湖、南大港、北大港、七里海、白洋淀等 5 个湖泊湿地开展水生态监测工作，在监测浮游植物、浮游动物、底栖动物的同时进行水质监测。北京市水生态监测站点增至 48 处，以此为基础，持续对永定河绿色生态走廊、南水北调沿线、延庆世园会、通州城市副中心等典型水域开展水生态监测工作。河北省组织开展白洋淀淀区水质、底质和浮游植物等水生态环境调查工作，对水质水生态指标进行监测和分析，全面掌握了白洋淀水文水生态状况，并形成《白洋淀水生态环境调查报告》。上海市开展滴水湖和淀山湖浮游植物、浮游动物监测工作。江苏省正式启动秦淮河（干河

南京段）生态监测体系建设，初步完成 5 个水质自动监测站、7 个流量自动监测站、6 个雷达水位站、28 个视频监测站点的主体工程建设，完成巡测船只和 12 台套实验室设备购置，基本完成了信息平台搭建工作。浙江省对 20 个饮用水供水典型水库及重要湖泊实行每月一次的常规浮游植物监测，全年采集水样达 10000 余份，取得水质检测参数 20 余万个。安徽省对淮河干流水源地、淠河总干渠水源地和巢湖开展水生态调查和监测评价工作，配合流域管理机构对董铺水库、大房郢水库、丰乐水库、毛坦水库、东方红水库、菜子湖、升金湖等重要水域开展水生态调查和监测评价。湖北省按照"一湖一库一湿地一流域"的总体布局，继续在恩施、宜昌、襄阳、十堰、武汉、神农架等 6 个市州开展以常规监测为主、生态调查为辅的水生态监测工作。湖南省逐步启动洞庭湖生态监测项目，为全面推进生态河湖健康监测工作起好步。广东省启动流溪河水生态监测试点工作，在流溪河水库进行遥感水质监测试验，逐步拓展浮游动物、底栖动物、鱼类及其他水生生物等项目监测；根据近年来韩江干流及长潭水库蓝藻水华情况，及时跟踪和指导汕头市及梅州市做好水生态相关监测分析工作。青海省采用空天地一体化立体监测手段，开展可鲁克湖水生态监测调查，填补了高原河湖生态水文监测空白，开展三江源地区 28 个水生态监测站点监测工作，完成了三江源地区重点湖泊河段水生态调查。天津、河北、江苏、湖北、贵州、陕西等省（直辖市）继续开展湖泊水库藻类监测，福建省开展了水库水源地藻类试点监测。

各地水文部门按照要求对入河排污口进行摸排调查和水质监督性监测，服务最严格水资源管理。珠江委选取广东茂名石化热电厂入河排污口作为试点安装入河排污口在线监控设施。山西省对汾河东西暗涵以下至入黄口入河排污口开展水质监测。安徽省重新印发《安徽省入河排污口监督性监测工作实施方案》，明确入河排污口水质水量同步监测要求，并增加了监测频次。江西省推进 12 处规模以上入河排污口自动水质监测站建设，编制了《江西省规模化以上入河排污口监督监测通报》，印发各设区市水利（水务）局。湖南省参与"湘江治理一号工程"三年行动计划的相关技术服务工作，为中央环保督查和省、市两级实施最严格水资源管理制度提供技术支持。四川省作为技术支撑，指导各市州开展入河排污口整改提升、问题核查和规范化建设工作，编制了《四川省入河排污口整改提升工作督导方案》。

3. 及时开展突发水事件水质应急监测

全国水文系统不断加强水质应急监测能力建设。河北、内蒙古、吉林、江西、湖南、广东等省（自治区）组织编制或修改完善突发水污染事件应急预案和相关规范性文件，科学指导应急监测工作。一年来，河北、山西、内蒙古、黑龙江、福建、甘肃、青海等省（自治区）组织开展水污染事件应急监测演练，提升了应急实战能力。

长江委先后开展了河南西峡县淇河江段突发水污染、"汉江水华"等4起水污染和水生态异常事件应急监测（图8-4），编制应急监测简报30余期。黄委及时应对黄河中金冶炼有限责任公司污染物排放、山西临县华润联盛黄家沟煤业有限公司向黄河排污、柴油罐车翻车致汭河（泾河一级支流）石油类污染、韩城污水处理厂突发水污染、陕西恒远发电有限公司氨水泄漏进入窟野河、山

图 8-4　长江委水污染应急监测——汉江水华事件

西东辉集团西坡煤矿向黄河排污、内蒙古乌海市西来峰工业园填埋现场多处渗漏液、宁夏宏天博化工科技有限公司非法排污等 8 次水污染事件应急处置，做到了反应迅速、信息及时、数据准确、处置得当。太湖局全年开展太湖蓝藻水华应急调查 36 次、太浦河锑浓度异常应急监测 6 次，及时编制了应急监测成果和调查报告，为流域可持续发展和生态文明建设保驾护航。江苏省面对洪水汇入造成洪泽湖水质严重恶化情况，及时开展应急监测，为应急调度提供了数据支撑。江西省连续开展动态监测，为成功应对山口岩水库锰超标，抚河抚州市临川水厂段总磷超标，抚河部分河段、赣江部分河段、鄱阳湖部分子湖等多处水域蓝藻暴发事件提供技术支撑。河南省对安阳市内黄县陶瓷园区污染开展应急监测，及时应对南阳镇淇河水污染事件。湖北省对汉江沙洋段硅藻水华事件进行连续监测调查，对油罐车侧翻导致饮用水水源地滚子河水体污染事件开展现场查勘和水质监测。湖南省先后开展娄底废渣、涟水支流氰化物超标的应急水质检测，渌水和湘江下游两次重金属超标等多起突发性水污染事件的监测和调查工作。云南省完成了对松华坝水库、车木河水库、鸣矣河、新运粮河、蔡家村、螳螂川等水体监测结果异常的情况调查，同时开展了溪洛渡水库甲藻水华事件应急调查监测工作。陕西省针对汉中市褒河粗酚事件和泾河油类泄漏事件，组织开展现场监测，及时上报应急事件及监测数据。西藏自治区对阿里地区东郊水厂、南郊水厂砷超标事件开展现场调查及水质检测评价。

4. 服务全面推行河长制湖长制

各地水文部门积极行动，发挥水质监测的队伍和技术优势，为全面推行河长制湖长制提供技术服务。长江委积极服务地方河长制工作，开展了一河一策、污染源普查、河湖健康评价、排污口监测与评价等工作。天津市对纳入河长制考核的 16 个区县行洪河道、城市供排水河道、市管水库及其他跨省（市）、区界河道按月开展水质监测。福建省积极答复各级河长办的技术咨询，配合河长办开展专项水质监测工作和联动工作，厦门水文水资源勘测分局开展了生态补偿考核监测、农灌水监测和东西溪流域东溪段生态补水的水质水量联合监测，三明分局配合河长办全面开展城区沙溪水质监测专项行动。湖南省为河长制湖长制省级平台建设服务，主动提供河长负责河段内的水功能区状况和水质监测站点监测信息。云南省编制完成《云南省省级河湖水质保护目标体系》并由省河长办正式印发，编制省级河（湖）长水质月报。陕西省参与编写 7 条省级河流的河长制手册，按季度发布水质情况、排污口调查情况。宁夏回族自治区全面完成河长制综合管理信息平台建设并投入使用，每月及时准确报送河长制监测断面水质水量数据，积极推进河长制河（湖、沟）水质水量监测工程（一期）建设。

二、水质监测管理工作

1. 水质监测质量与安全管理

水利部印发《关于印发 2018 年水质监测质量管理监督检查实施方案和 2018 年水利系统水质监测能力验证实施方案的通知》（水文质函〔2018〕12 号），组织开展并完成了全国水文系统 300 个实验室的能力验证和 116 家水质监测机构的质量管理监督检查工作，重点加强了长江经济带沿岸省市监测机构的检查力度，有效提升了各级实验室质量与安全管理水平，为长江大保护和水资源监管等工作提供高质量技术支撑。8 月，水利部在北京举办水质监测管理培训班，组织全国水文系统水质监测技术人员，学习了生态文明建设与水质监测、水质监测质量管理、水质监测新方法新技术应用、地下水水质监测以及实验室质量控制管理等，提升技术业务水平和质量管理能力。

各地水文部门持续加强质量控制和管理工作。按照新出台的《检验检测机构资质认定能力评价　检验检测机构通用要求》（RB/T 214—2017），北京、河北、吉林、黑龙江、河南、广西、四川等省（自治区、直辖市）完成实验室质量管理体系文件修订改版工作，并开展了体系文件、检验检测机构资质认定相关规范文件宣贯。按照实验室资质认定要求，开展了内部审核和管理评审，制定年度培训计划，结合工作实际举办水质监测技术和质量管理相关培训，开展检测人员上岗培训、考核及换证工作。组织制定质量控制计划，明确了现场平行样、全程序空白、室内平行、校准曲线率定与校准、加标回收率测定、标准样品控制等方面的质量控制措施。定期提交质量管理月报、质量控制报告和质量管理年度工作报告等质控成果；按照计量要求对仪器设备定期进行检定/校准和期间核查，对监测方法和标准、标准物质跟踪查新，对危化品安全进行监督检查等。各地积极参与水利部、国家认证认可监督管理委员会（简称认监委）组织的能力验证考核，开展实验室内质量控制考核、重点断面现场监督比对监测和实验室间比对试验等。

各地水文部门持续加强实验室安全管理。长江委印发《关于进一步加强水环境监测实验室安全生产管理的通知》，加强危化品安全综合治理。吉林省每年举办一次实验室安全培训，并联合安监部门不定期对各实验室进行安全检查。福建省出台《关于进一步加强实验室安全管理工作的通知》。云南省组织省水环境监测中心和地市分中心全面开展危险化学品排查。新疆维吾尔自治区认真落实危险化学品零库存工作，截至2018年年底，12处实验室实现危险化学品零库存。

2. 水质监测制度建设

各地水文部门积极探索创新水质监测管理制度，规范监测技术标准，开展部门合作，为推进新时期水质监测与评价工作夯实基础。

制度建设方面。长江委修改完善《长江委水文局水环境监测技术补充规定》《长江委水文局水环境监测质量优胜奖评比办法》，编制印发了《水质监测质量管理监督检查考核评定办法》（2018修订版）等七项制度实施细则，有序推进《水环境监测手册》《水环境实验室安全操作手册》的编制工作。浙江省编制《浙江省水资源监测中心标准查新工作实施细则》《浙江省水资源监测中心资料档案案卷目录》。湖南省修订《湖南省水环境监测中心质量管理实施细则》。广西壮族自治区出台《广西水文购买水质监测服务有关规定》《自治区水文水资源局水质监测和水资源评价分级管理职责分工的通知》，印发《关于明确水质监测数据质量责任的通知》并认真贯彻落实。

信息共享发布方面。太湖局每月将其负责监测的省界缓冲区监测成果与所涉及的省（直辖市）进行共享，同时通过水利专网，将引江济太沿线、贡湖水源地、太浦河水源地等多处自动监测站实时监测成果与上海市、江苏省等相关部门进行交换共享，为保障水源地供水安全、水生态安全等提供了数据支撑。北京市水文部门与环保部门建立信息沟通和数据会商机制，形成监测站点、监测项目、监测水体、评价方法和评价结果的"五个统一"，地表水水质监测信息每月在市水务局和市环保局网站公示。天津市水文部门与市环保局、水务集团等部门建立监测数据共享机制，整合常规监测数据和自动站数据等，每月开展水质会商。安徽省将16个市水功能区水质达标情况通报和市界断面水质监测月报在安徽省水文局网站进行公布。四川省水文局配合省环保厅，进一步整合环保和水利系统水环境监测站网，统一基础站点、统一标准规范、统一评价方法。云南省水文部门积极推进与省环境监测中心站资料共享工作，初步建立了双方监测成果的交换共享机制，每月进行监测成果的互换。

三、水质成果报告编制

水利部组织编制完成《中国地表水资源质量年报 2017》。各地水文部门结合业务实际，加强成果分析应用，形成各具特点的专题报告，为各级人民政府及相关部门提供技术支撑和决策依据。

珠江委完成的《珠江流域水生态健康评估丛书》获国家出版基金资助，本套丛书是珠江流域水生态健康评估成果的汇总，对基层水文机构和相关单位开展水生态调查评价及河湖水生态健康评估工作具有指导意义。海委编制完成《大清河系健康评估报告（2018 年）》。天津市编制完成《天津市淡水藻类图谱》。河北省编制完成《衡水湖健康评估研究》《邢台市水资源水环境承载能力评价报告》《白洋淀水生态环境调查与健康评估》等。浙江省每季度编制《全省重要水库湖泊浮游植物监测报告》，并完成了《钱塘江河口水质分析报告》。安徽省与流域管理机构共同完成《巢湖水生态调查监测与健康评价报告》《巢湖水生态变化趋势分析报告》《淮南市淮河水源地水生态调查监测评价报告》《蚌埠市淮河水源地水生态调查监测评价报告》《六安市淠河总干渠水源地水生态调查监测评价报告》等编制工作。山东省组织编制《2017 年度山东省水生态环境质量监测年报》，突出反映了全省水生态环境相关工作成果。河南省每季度编制《淮河水质水污染联防水质简报》。湖南省编制农村饮用水水质检测情况通报和排污口监测通报，新开展了《湖南省水资源质量年报》编制工作。云南省完成《洱海健康评估指标体系优化分析报告》。陕西省编制《秦岭水资源保护计划》，参与编写完成《秦岭北麓重要峪口水资源监测通报》等一系列报告。甘肃省编制完成了疏勒河、大苏干湖、黑河、石羊河、黄河干流（含庄浪河）、湟水（含大通河）、洮河、尕海、泾河、嘉陵江（含白龙江）等 8 条河流和 2 个湖泊的河湖健康调查与评估报告。青海省在开展监测工作基础上编制完成《三江源重点河段水生态监测报告》。

第九部分

科技教育篇

2018 年，全国水文系统持续加强水文科技和教育培训工作，水文科技能力和人才队伍整体素质稳步提高；推进水文科技管理，开展水文科技研究，承担一系列水文基础理论和应用技术的科研项目，形成一批科研成果；办好各类水文管理和业务技能培训班，增强水文职工行业管理和业务工作能力；推进水文技术标准规范的制修订工作，发展和完善水文技术标准体系。

一、水文科技发展

1. 全国水文科技项目成果丰硕

全国水文系统根据经济社会发展需求和水文工作需要，加强水文基础领域和应用领域的研究，全年承担科技部、水利部以及各省（自治区、直辖市）年度新立项科研项目 142 项，其中省部级重点科研项目 35 个，取得丰硕成果。全国共有 16 个科技项目荣获省部级科技进步或技术创新奖，其中，省（部）级一等奖 1 项、二等奖 10 项、三等奖 5 项。全国共有 105 个项目获流域管理机构、省级科学技术进步奖或地市级科技成果奖。2018 年获省（部）级荣誉科技项目见表 9-1。

表 9-1　2018 年获省（部）级荣誉科技项目表

序号	项目名称	主要完成单位	获奖名称	等级
1	长江泥沙时空变异识别与主要驱动力定量研究	长江委水文局、武汉大学、北京师范大学、湖北一方科技发展有限责任公司	大禹水利科学技术奖	二等奖
2	实时洪水概率预报理论与应用	淮委水文局（信息中心）、河海大学、水利部交通运输部国家能源局南京水利科学研究院	大禹水利科学技术奖	二等奖

续表

序号	项目名称	主要完成单位	获奖名称	等级
3	淮河平原区浅层地下水演变对地表生态作用及调控实践	淮委水科院、江苏省水文水资源勘测局	大禹水利科学技术奖	二等奖
4	山洪灾害调查评价关键技术	长江委水文局	湖北省科技进步奖	二等奖
5	变化环境下滏阳河流域洪水响应机理研究与应用	河北省邢台水文水资源勘测局、天津大学	河北省科技进步奖	二等奖
6	土壤墒情监测与预测关键技术应用研究	吉林省水文水资源局	吉林省科技进步奖	二等奖
7	基于高时空分辨率数据的江苏省水土流失动态监测	江苏省水土保持生态环境监测总站、杭州大地科技有限公司、杭州领见数据科技有限公司	中国水土保持学会科学技术奖	二等奖
8	漓江水质水量安全保障关键技术创新与应用	桂林市农田灌溉试验中心站、同济大学、广西水文水资源局、南京水利科学研究院、广西尚源灌溉排水科技有限公司、广西恒晟环境治理有限公司	广西壮族自治区科学技术进步奖	二等奖
9	甘肃省基于水资源承载力与优化配置的水库生态调度模式研究与实践	甘肃农业大学、甘肃省水文水资源局	甘肃省科技进步奖	二等奖
10	海河流域水源地多尺度多指标监测与藻类预测及污染控制技术	海委、北京空间机电研究所、天津大学	大禹水利科学技术奖	三等奖
11	济南市水生态时空变异驱动机制及自动监测模式	济南市水文局、北京师范大学	大禹水利科学技术奖	三等奖
12	基于数据共享的水利全业务应用关键技术研究与实践	宁夏水文水资源勘测局、宁夏水利信息中心、中国水利水电科学研究院、大唐软件技术股份有限公司、北京南天软件有限公司	大禹水利科学技术奖	三等奖
13	淮河水资源精细调控与定量预报关键技术	淮委水文局（信息中心）	安徽省科学技术奖	三等奖
14	广西暴雨诱发山洪灾害预警关键技术研究与应用	广西水文水资源局、广西大学	广西壮族自治区科学技术进步奖	三等奖
15	高寒湖泊国情信息获取关键技术与实践	西藏水文水资源勘测局、长江委	长江水利委员会科学技术奖	一等奖
16	基于 GIS 的山东黄河水文信息综合平台研发	山东省水文局	黄河水利委员会科技进步奖	一等奖

2. 水质科研成果突出

2018 年，全国水文系统在水质方面的科研重点突出，取得丰硕成果。2018 年水质科研成果获奖项目见表 9-2。

表 9-2 2018 年水质科研成果获奖项目表

序号	项目名称	主要完成单位	获奖名称	等级
1	淮河平原区浅层地下水演变对地表生态作用及调控实践	淮委水科院、江苏省水文水资源勘测局	大禹水利科学技术奖	二等奖
2	漓江水质水量安全保障关键技术创新与应用	桂林市农田灌溉试验中心站、同济大学、广西水文水资源局、南京水利科学研究院、广西尚源灌溉排水科技有限公司、广西恒晟环境治理有限公司	广西壮族自治区科学技术进步奖	二等奖
3	海河流域水源地多尺度多指标监测与藻类预测及污染控制技术	海委、北京空间机电研究所、天津大学	大禹水利科学技术奖	三等奖
4	济南市水生态时空变异驱动机制及自动监测模式	济南市水文局、北京师范大学	大禹水利科学技术奖	三等奖
5	北京市水生态调查与健康评价研究	北京市水文总站	北京水利学会科学技术奖	一等奖
6	白洋淀水资源与水质准则层评估	河北省水文水资源勘测局	河北省水利学会科学技术奖	一等奖
7	面向冬奥会的张家口水功能区保护关键技术研究	河北省张家口水文水资源勘测局	河北省水利学会科学技术奖	一等奖
8	辽宁省水环境监测评价智能化管理体系研究与应用	辽宁省水文局、中国水利水电科学研究院	辽宁水利科学技术奖	一等奖
9	河南省水库型饮用水水源地水质风险评估及保障体系研究	河南省水文水资源局、黄河水文水资源科学研究院、郑州大学、河南省水土保持监督监测总站	河南省水利科技进步奖	一等奖
10	变化环境下洞庭湖水量水质联合模拟及水质预测	湖南省水文水资源勘测局、湖南师范大学	湖南省水利水电科技进步奖	一等奖
11	北京市黑臭水体遥感监测体系研究	北京市水文总站	北京水利学会科学技术奖	二等奖
12	水功能区适宜性评价方法研究及应用	河北省水文水资源勘测局	河北省水利学会科学技术奖	二等奖
13	辽阳市水功能区纳污能力核定技术研究	辽宁省辽阳水文局	辽宁水利科学技术奖	二等奖
14	招苏台河污染负荷核定及保护对策研究	辽宁省铁岭水文局	辽宁水利科学技术奖	二等奖
15	离子色谱法测定多泥沙水体中无机阴离子的测量不确定度研究及应用	黄委水文局山东水文水资源局	黄委水文局科技进步奖	二等奖

3.《水文》期刊

2018 年共完成 6 期正刊《水文》期刊的审稿、编辑、校对、出版及发行等工作，共收稿和审查编辑论文 480 篇，经审查录用发表论文 100 篇，约 110 万字，总发行 12000 册。

一年来，《水文》期刊持续加强质量管理，结合广大基层科技人员的实际需求，在杂志题材选题上注重实用性和可操作性，突出反映当前水文科技前沿和引领水领域发展的前瞻性技术和基础研究等，内容上紧扣当前水文、水资源、水环境、水生态、地下水等方面的热点和难点问题进行探讨研究，注重文章的可读性和成果的应用性，并加强了对稿件质量和审核制度的管理。2018 年《水文》期刊继续保持有中国科学技术研究所的"中国科技核心期刊"、北京大学图书馆的"地球物理学类"核心期刊和中国科学院文献情报中心的"中国科学引文数据库来源期刊"称号，维护了我国水文专业权威性科技期刊的声誉。

二、水文标准化建设

全国水文系统持续推进完善水文技术标准规范体系。2018 年共完成水文技术标准立项 7 项，现有在编技术标准 8 项，其中标准起草阶段 2 项、征求意见稿阶段 2 项、送审稿阶段 2 项、报批稿阶段 2 项。全年颁布实施 2 项水文技术标准，2018 年颁布实施的标准项目清单见表 9-3。

表 9-3　2018 年颁布实施的标准项目清单表

序号	标准名称	标准编号	发布日期/（年-月-日）	实施日期/（年-月-日）
1	《径流实验观测规范》	SL 759—2018	2018-06-01	2018-09-01
2	《水质　阿特拉津的测定　固相萃取-高效液相色谱法》	SL 761—2018	2018-01-25	2018-04-25

三、水文人才队伍建设

1. 加强水文专业人才教育培训

全国水文系统以中央新时代治水方针和水利改革发展新思路为指导，以提升水文人才队伍整体水平、实现水文两个支撑为目标，结合水文工作实际，面向各级水文管理干部、技术骨干、技能人员开展了全方位、多层次教育培训，为水文事业发展提供了重要的人力资源保障。全国水文系统省级及以上部门组织开展的技术培训班 340 个，培训人数 1.67 万人，收到了良好的效果。

按照 2018 年培训计划，水利部举办了水文管理能力培训班、现代水文监测技术培训班和水质监测管理培训班等 3 期全国性业务技术管理培训班，此外，在人力资源和社会保障部的支持下，举办了 1 期"全国水文服务生态文明建设新理念新技术高级研修班"。各期培训班分别面向全国水文系统不同层次、不同业务领域的管理干部和技术骨干，共培训学员 234 名。培训班内容包括水文改革发展大背景下的行业管理能力、水文监测新理念新技术新方法、水质监测技术与管理和服务生态文明，以及做好两个水文支撑等，培训课程受到学员的广泛好评，对于全国水文系统在全面深化改革发展中找准定位，统一思想，提高认识，适应新的形势和任务，主动谋划行业发展，推动各项业务工作开展具有重要意义。

各地水文部门结合自身实际，围绕水文业务、技术技能、综合管理、素质提升、党建工作等诸多方面，因地制宜开展了内容丰富的教育培训活动，对提升业务干部、技术人员、技能人才等水文队伍的整体能力水平起到了良好作用。长江委探索新形势的干部教育培训及管理新模式，完成了水文局考试培训系统电脑端及移动端的建设工作，实现了教育培训线上、线下双管理。淮委制定《青年职工培养管理办法》《获奖奖励管理办法》等一批配套制度，实行"导师负责制"，定期开展考核并选拔优秀青年人才到特定岗位锻炼。浙江省充分利用省直机关首家"省级技能大师工作室——胡永成技能大师工作室"这个平台，完成全省水文测验骨干人员和水文应急机动测验培训工作，共计培训人员168人。江西省首期水文水资源专修班在扬州大学开班，50名非水文专业的优秀年轻干部通过2个月的脱产培训，深入学习水文专业知识和业务技能，通过了结业考核，确保了培训效果。

各地水文部门重视和加强水情预报业务培训和人才培养。长江委、黄委、太湖局等流域管理机构和上海、福建、广西、四川、陕西等省（自治区、直辖市）实行首席预报员制度，共36名业务骨干被聘为首席预报员。山西省在太原举办了首届水情技能大赛，比赛内容分为综合业务理论、洪水预报作业、业务应用及服务操作等3个项目，采用闭卷笔试和上机操作结合的方式进行，参赛队员近40名，通过竞赛，一批"一专多能、一岗多职"复合型人员脱颖而出，达到了以赛促学、以学促用的目的。江苏省在南京举办了首届水文情报预报技术竞赛（图9-1），作为水文情报预报工作的阶段检验和实战演练，采用信息化手段，异地同时竞赛，赛程持续两天，分别从业务基础理论笔试、情报预报业务现场操作和重要水情事件会商实演等三部分开展，来自全省水文系统的21支代表队共63名选手参赛，取得了良好效果。

图9-1 江苏省首届水文情报预报技术竞赛

2. 多渠道培养水文技能人才

全国水文系统高度重视水文技能人才的培养，开展了多项技能培训、竞赛、技能鉴定等工作，培育了一大批业务一流的水文技术能手。10月，由水利部人才中心主办，长江委水文局汉江水文水资源勘测局承办的水文勘测工技能提升示范班在襄阳开班，来自全国各地的 50 余名水文勘测业务骨干开展了为期 4 天的专业培训，包括水文勘测基础知识、水文调查及水环境评价等内容及现场教学。其中，长江委水文局汉江水文水资源勘测局召开了水文勘测技能竞赛暨国家地表水监测项目劳动竞赛，荆江水文水资源勘测局组织召开了河道技能竞赛。江苏省举办了全省水文勘测工技术等级岗位升级培训班、水文勘测工技师和高级技师培训班；牵头启动"江苏省水文勘测技能评价管理系统研究与应用"项目，通过评价管理系统的软件开发，以在线方式实现对水文勘测技能人才的培训、考核、评价、管理等各项功能。浙江省完成了全省水文勘测工技能等级培训和鉴定工作，共计鉴定技术人员 46 人，鉴定合格人数 43 人，通过率达 93.4%；开展高层次人才认定工作，有 14 名教授级高工被省人力资源和社会保障厅认定为省部属单位高层次人才。安徽省举办了全省水文勘测职业技能竞赛，经过层层选拔，共有来自局直 10 个单位及省水利厅有关工管单位的 38 名选手参加本次大赛，共评选出优秀个人奖 10 名，被授予"全省水文技术能手"荣誉称号。通过竞赛形成一种岗位练兵、自我成才的良好氛围，激发了基层水文职工尤其是青年职工学技术、比技能的积极性主动性，提升了一线水文职工的业务能力和专业水平。海南省和云南省积极推进院士工作站的建设落户工作，作为引进高层次人才、增强水文科技创新能力的重要平台。

3. 稳定发展水文队伍

截至 2018 年年底，全国水文系统共有水文从业人员 66758 人，其中，在职人员 25622 人，委托观测员 41136 人，近年来保持基本稳定。

在职人员中，管理人员 2424 人，占 10%；专业技术人员 18551 人，占

72%；工勤技能人员 4647 人，占 18%（图 9-2）。其中专业技术人员中，具有高级职称的 5088 人，占 27%；具有中级职称的 6474 人，占 35%；中级以下职称的 6989 人，占 38%（图 9-3）。在职人员中，专业技术人员数量与比重都呈增加趋势，同时专业技术人员中具有中高级职称的人员逐年增长，与水文服务领域不断拓展、高科技技能人才需求不断增长的水文业务相匹配。

此外，现有离退休职工 17218 人，较上一年度增加了 544 人。

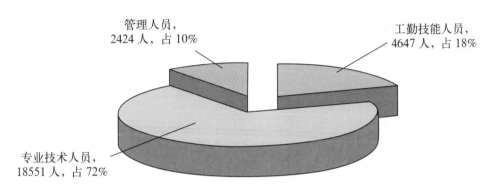

图 9-2　水文在职职工结构图

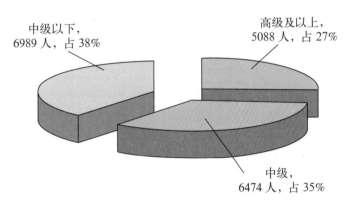

图 9-3　在职职工专业技术人员结构图

附 录

2018 年度全国水文行业十件大事

1. 习近平总书记考察城陵矶水文站

2018 年 4 月 25 日下午，中共中央总书记、国家主席、中央军委主席习近平考察被誉为洞庭湖及长江流域水情"晴雨表"的城陵矶水文站，了解长江湖南段和洞庭湖流域水资源综合监测管理、防灾减灾情况。

2. 水文情报预报与应急监测再立新功

2018 年，全国强降雨过程多局地强，洪水频发超警河流多，台风登陆偏多偏强影响重，水文部门超前部署，及时准确监测预报，强化联合会商分析，为成功防御长江、黄河、淮河、松花江等流域 7 次编号洪水和科学防范"山竹""玛莉亚""温比亚"等台风袭击提供重要支撑。10 月 10 日至 11 月 3 日，金沙江、雅鲁藏布江连续 4 次山体滑坡形成堰塞湖，长江委和西藏、四川、云南省（自治区）水文部门发扬担当、奉献精神，连续作战，不畏艰险，主动作为，全力投入水文应急监测工作，为堰塞湖应急处置和保障下游人民生命财产安全做出了突出贡献。

3. 水文资料整编改革全面推进

2018 年 3 月 31 日至 4 月 1 日，水利部在北京召开以"深化改革　强化服务"为主题的 2018 年水文工作会议，叶建春副部长出席会议并讲话。会议明确要求将水文资料整编工作方式转变为即时整编，实行日清月结，次年 1 月底前完成上一年度资料整汇编工作，改变长期以来的传统做法，大幅提升基本水文资料的时效性。各地水文部门认真贯彻落实会议精神，转变观念，攻坚克难，水文资料整编时效取得历史性突破。

4. 水文体制机制改革取得新进展

辽宁省整合组建河库管理服务中心（水文局），为水利厅所属正厅级事业单位，原地市水文局全部保留并升格为正处级，水文工作得到了强化。广东省水利厅在深圳市水文水质中心加挂"广东省水文局深圳水文分局"牌子，理顺水文双重管理体制。江苏省成立首家镇级水文服务站"常州市金坛区指前水文服务站"。山东省出台《关于规范向社会力量购买服务人员监督管理工作的指导意见》和《山东省水文部门向社会力量购买服务绩效管理办法》，2018年落实政府购买服务经费6705万元，购买社会劳务服务人员516人，在防御"温比亚"台风水文测报工作中发挥了重要作用。

5. 水资源监测分析评价工作取得新成效

水利部印发《省界断面水文监测管理办法（试行）》《关于加强水文服务河长制湖长制工作的通知》，全面推进了跨省界断面水文站建设和生态流量（水量）控制断面水文监测及分析评价等工作。各地水文部门实施对省级河湖长负责河湖的水文信息全覆盖，湖北水文对省级党政领导担任河湖长的18个河湖的水量水质状况进行逐月分析；安徽水文积极推进市界断面水量水质监测，为水资源管理、跨省江河流域水量调度管理、促进落实河长制湖长制提供基础支撑。

6. 江河湖泊水生态监测取得可喜成果

青海水文采用空天地一体化的立体监测手段，组织开展可鲁克湖的水生态监测调查，并在三江源地区加密布设5处水文站点，开展监测和调查分析，获取宝贵的基础数据，填补了高原河湖生态水文监测空白。河北水文开展白洋淀淀区水质、底质和浮游植物等指标监测和分析，全面掌握白洋淀水文水生态状况。在全国水利系统水质监测质量管理中，完成300家实验室能力验证工作，并首次列入国家认监委能力验证计划。

7. 联合国教科文组织水文国际会议首次在我国举办

2018年11月6—9日，联合国教科文组织国际水文计划第8届"基于全球水文实验与观测数据的水流情势研究"（FRIEND）国际会议在北京召开，主题为"变化环境下的水文过程与水安全"。水利部副部长叶建春出席开幕式并发表重要讲话。来自联合国教科文组织 40 多个成员国和相关国际组织的 200 多名专家开展为期 3 天的学术报告和交流研讨。本次会议是中国首次举办的全球性国际水文学术盛会，人民日报、新华网、中国新闻网、凤凰新闻网等 10 多家国内主流媒体从多个角度对会议和水文工作情况进行了报道，在国内外引起了极大反响，提升了中国水文的国际影响力。

8. 中央电视台在新闻联播中播报水文建设成就

11 月 13 日，中央电视台在新闻联播中播出了"我国水文测站实现大中小河流全覆盖"的水文站网建设成就。2 月 19 日（农历大年初四）晚，中央电视台新闻频道《非常年夜饭》栏目播出的《悬崖上的春节》纪录片，真实展现了黄河龙门水文站职工在春节阖家团圆之际坚守岗位、履职尽责的水文精神。

9. 华北地下水超采综合治理河湖地下水回补试点水文监测启动开展

为开展华北地下水超采综合治理，河北省在滹沱河、滏阳河和南拒马河选择三个典型河段，利用南水北调中线等补水水源，开展为期一年的地下水回补试点。从 2018 年 9 月 13 日开始，水文部门启动华北地下水超采综合治理行动河湖地下水回补试点水文监测和分析评估工作，布设了 30 个地表水水文监测断面和 119 眼地下水监测井。

10. 水文行业精神文明建设成果丰硕

青海省水环境监测中心荣获"全国三八红旗集体"荣誉称号。福建省水文水资源勘测局双获"第八届全国水利文明单位"和"第十三届省级文明单位"荣誉称号。湖北省水文水资源局获"第八届全国水利文明单位"荣誉称号。江苏省水文水资源勘测局徐州分局陈磊荣获"全国五一劳动奖章"。李书光等 6 名水文职工荣获"第十届全国水利技能大奖"，李凯等 19 名水文职工荣获"第十届全国水利技术能手"称号。湖南省益阳市水文水资源勘测局李国庆、海南省三滩水文站庞书智、李瑞兰夫妇荣获水利部第一届"最美水利人"荣誉称号。

附表　2018 年度全国水文发展统计表

单位名称	国家基本水文站/处	专用水文站/处	水位站/处	雨量站/处	蒸发站/处	地下水站/处	水质站(地表水)/处	墒情站/处	实验站/处	报汛报旱站/处	可发布预报站/处	房屋总面积/m²	办公用房/m²	生产业务用房/m²	水质实验室/m²	测流缆道/座	机动测船/艘	无人机/架	在线测流系统/处	声学多普勒流速仪/台	固定资产总值/万元	事业费/万元	基建费/万元	各项经费总额/万元	在职人员/人	离退休人员/人	委托观测/人
北京市水文总站	61	41		245		1310	269	80		755	21	10399	3864	6535	1272	17		1	37	60	20856	12775	3895	17518	157	89	784
天津市水文水资源勘测管理中心	29	45	2	29		927	182			135		17985	4093	13892	1177	26	3		1	11	16036	8646		8646	202	139	31
河北省水文水资源勘测局	136	92	568	2782		3614	188	188	2	5225	52	79658	28274	51384	6704	127	3	2		68	20020	26365	1200	27565	1107	541	3577
山西省水文水资源勘测局	68	48	47	1873		3005	178	97	2	2052		62572	27694	28910	5879	168			39	13	54365	14901	2953	17854	554	397	3206
内蒙古自治区水文总局	143	110	23	1315		1253	511	87		1690		55936	46310	6741	5952	42				6	7220	16352	1679	18031	747	599	2203
辽宁省水文局	121	97	61	1611		1153	1294	96	3	2201	50	79304	46538	14453	10602	45	16	5	7	48	64780	31751	2255	34006	970	657	2423
吉林省水文水资源局	107	80	100	1929		1795	113	170	2	2063	78	63506	16186	47321	4798	69	27	3		57	59911	16453	4630	21540	691	585	1285
黑龙江省水文局	120	147	153	1981		2094	122		4	2496	105	53528	18256	34564	6198	62	218	2	4	152	32736	20731	2209	22940	919	547	3628
上海市水文总站	8	20	272	176		49	293			333		33268	6213	26261	6800		3		41	83	27772	27375	65	27441	318	248	40
江苏省水文水资源勘测局	151	138	274	297		1661	2227		51	4453	19	103917	49764	48321	13000	138	4	2	86	145	51314	35385	10000	45386	796	444	435
浙江省水文局	94	160	2359	3021		155	703	15	1	464	23	80726	10087	68070	7486	99	4	2	76	138	38761	22617	2528	25992	614	411	638
安徽省水文局	111	122	284	1946	1	576	657	216	5	3537	134	88902	55952	23497	6798	135	24	3	17	70	23497	25080	1346	26838	779	529	875
福建省水文水资源勘测局	57	83	2025	1914	1	55	671	16	2	273	33	75697	20284	46977	4720	81	3	2	22	135	29409	16321	1320	18087	493	321	516
江西省水文局	107	148	1161	3122	1	117	483	503		1520	111	96327	38647	10354	5094	197	37	71	56	89	16029	28033	2211	30878	1062	665	715
山东省水文局	150	335	210	1887		2344	451	155		825	71	89048	56137	16802	8088	66	1	1	8	176	54611	34409	8046	42455	973	689	2824
河南省水文水资源局	128	241	168	2909		2534	277	636		4586	90	89969	30804	42523	7362	83	40	4		86	14109	29007	204	29474	1084	507	2866
湖北省水文水资源局	93	200	323	1306		215	457	61		2480	268	93273	34259	31835	14362	75			126	59	20098	24382	2507	26889	1021	652	1158
湖南省水文水资源勘测局	113	136	1446	2678		93	391	105		1560	105	111661	47360	60069	11867	195	56	5	163	108	97343	36262	2262	41166	1049	662	491
广东省水文局	83	197	732	2022	5	136	739	29	1	691	123	76760	9853	51074	10535	66	39	2	207	121	39436	53521	5532	59234	752	450	1349
广西壮族自治区水文水资源局	114	241	298	3542		126	326	28		4001	151	136614	24567	91952	6577	149	37	2	184	223	75576	22433	1937	24456	754	448	2991
海南省水文水资源勘测局	13	32	29	191		75	72			203	6	6676	3351	1363	322	11	1	1		30	5556	3690	1110	4800	88	67	231
重庆市水文水资源勘测局	31	194	911	4524		80	253	72		6065	11	29007	1488	27519	3800	202	6		213	213	11400	7908	923	8832	118	78	1022
四川省水文水资源勘测局	139	210	273	3151		176	660	109	1	4577	34	94899	6224	80656	5956	316		2	28	35	38489	21367	1123	22490	1006	797	
贵州省水文水资源局	86	288	479	2942		31	399	482	1	3728	150	60923	16293	37644	6178	148	6	7	147	104	19189	24348	6891	31705	630	330	654
云南省水文水资源局	156	205	127	2582		181	703	61		2827	89	120512	41288	69948	11534	272	1	2	62	106	37083	24867	3709	32266	956	503	2549
西藏自治区水文水资源勘测局	48	55	60	642		60	62	6	3	796	1	42849	7190	13843	2065	45			7	13	6665	10100	483	10583	270	162	694
陕西省水文水资源勘测局	78	79	115	1894			214	17		2006	34	81575	36800	44775	1700	68				10	11498	12053	2007	14060	605	437	552
甘肃省水文水资源局	94	39	160	393		499	191	20	1	81		49537	8193	39254	5181	77	1			6	37568	12116	1250	13675	652	451	830
青海省水文水资源勘测局	34	20	28	421		140	100			35	14	43279	7448	18738	1720	37	2		12	19	2889	8673	691	9364	264	250	502
宁夏回族自治区水文水资源勘测局	39	111	177	927		324	13	57		1655	2	10333	7380	1409	1200	18			2	6	2424	5723		6051	190	153	523
新疆维吾尔自治区水文局	128	85	60	83		488	127	522	1	753	63	89421	34469	30071	4608	167	1		46	18	18827	20642	2383	23240	862	685	128
新疆生产建设兵团水利局水文处	20	60	334	248	9	70	18	28		534		20824	7257	8348	821	19					5045	1811	17	1852	69		4
陕西省地下水管理监测局						1214				218		8425	5967	928	600						5055	4574	67	4641	359	374	551
长江水利委员会水文局	121		255	29	2		283	1	5	550	29	178079		151292	11300	62	66	6	11	108	105971	40402	5595	45997	1838	1660	193
黄河水利委员会水文局	121	8	93	801			45		6	948	17	333550		194178	7181	119	61	14	2	44	149449	43137	5700	48837	2074	1511	660
淮河水利委员会水文局	1						107			1		1025	280	649		1	6			12	13096	1973	3795	5768	63	16	
海河水利委员会水文局	15	14	8				136			25	2	13114	2638	7776	1880	22	3	1	6	14	11981	3621	788	4409	177	14	
珠江水利委员会水文局	19	1	6				143			3		13174	2246	10060	2908		14			33	16625	7220	2686	9906	174	117	
松辽水利委员会水文局	10	3					90			91		7550	2822	4525	640		8		6	14	15884	3500	1164	4664	117	26	8
太湖流域管理局水文局	7	14	4				138		2	3	1	16056	820	14922	3837	4	2			32	26698	5058	3299	8357	68	7	
总计	3154	4099	13625	55413	19	26550	14286	3908	43	66439	1887	2719858	767296	1479433	218702	3428	693	140	1616	2665	1305271	765582	100460	877893	25622	17218	41136